关键信息基础设施安全保护丛书

网络空间环境概览

任传伦　俞赛赛　张先国
贾　佳　刘晓影　刘　雪　编著

電子工業出版社
Publishing House of Electronics Industry
北京•BEIJING

图书在版编目（CIP）数据

网络空间环境概览/任传伦等编著. —北京：电子工业出版社，2022.11
（关键信息基础设施安全保护丛书）
ISBN 978-7-121-43818-9

Ⅰ. ①网… Ⅱ. ①任… Ⅲ. ①网络环境 Ⅳ. ①TP393

中国版本图书馆 CIP 数据核字（2022）第 190732 号

责任编辑：缪晓红　　特约编辑：刘广钦
印　　刷：北京市大天乐投资管理有限公司
装　　订：北京市大天乐投资管理有限公司
出版发行：电子工业出版社
　　　　　北京市海淀区万寿路 173 信箱　　邮编：100036
开　　本：720×1000　1/16　印张：14.75　字数：196 千字
版　　次：2022 年 11 月第 1 版
印　　次：2022 年 11 月第 1 次印刷
定　　价：89.00 元

凡所购买电子工业出版社图书有缺损问题，请向购买书店调换。若书店售缺，请与本社发行部联系，联系及邮购电话：（010）88254888，88258888。

质量投诉请发邮件至 zlts@phei.com.cn，盗版侵权举报请发邮件至 dbqq@phei.com.cn。

本书咨询联系方式：（010）88254760。

前言

人类是环境的产物，人类的生存依赖特定的环境。从物质世界的角度来看，无论是茹毛饮血的原始时代，还是进化发展到车水马龙的文明世界，人类都在相应的自然环境和物质世界中生存、生活和发展。可以说，自然环境给了人类无数可利用的物质资源，是人类生存和发展的基石，不可或缺。从精神世界的角度来看，人类社会的组织形式在不断演化，无论是原始社会、奴隶社会、封建社会，还是资本主义社会、社会主义社会，都给不同时代的人们提供了精神层面的生存环境。正如马克思所说，“人的本质是社会关系的总和。”这个精神环境也就是社会环境，对人类的存在与发展是不可或缺的。

人类在不断改造环境。人生存在环境之中，并非仅被动地适应环境，同时也在不断对环境进行改造。恩格斯指出，“人本身是自然界的产物，是在他们的环境中，并且和这个环境一起发展起来的。”人与环境的关系休戚与共，是一个不断演化的过程。人是整体环境的一部分，但随着人类智慧的增进，以及对环境了解的加深和掌控力度的增加，人类对环境的改造甚至是对环境的创造也就随之而来。

网络空间环境就是人类创造出来的新环境，甚至已经发展成为当前人类的一个新的生存空间。随着计算机科学、通信与网络技术的飞速发展，这个由科技打底、物质与思维共同参与的新空间，已经在人类的生活当中无处不在，人类也由此走进了一个全新的生存环境。可以说，网络空间是陆地、海洋、天空与太空的无形延伸，从物质意义上可看作“第五空间”；网络空间环境是自然环境、社会环境的延伸，是人类生存的“第三环境”。

近年来，围绕网络空间的研究层出不穷，多集中在网络空间安全、网络空间治理等泛在技术层面。本书从环境视角出发，跳出单纯的技术审视，将网络空间视作人类生存的新环境，拉长历史纵深，从哲学意义上思考人类这一新的生存环境“是什么、为什么、怎么样”的问题。

本书共 6 章，第一章是认识网络空间环境，从历史维度阐述了网络的产生和发展历程、网络空间概念的形成及研究网络空间环境的学术意义与现实意义；第二章是网络空间环境如何影响世界，网络空间是一个崭新的生存环境，它的影响是方方面面的，本章从政治、经济、文化和军事 4 个方面入手，阐述了网络空间环境对世界的巨大影响；第三章是网络空间环境的特点与构成，作为一个新生事物，本章从物质基础、存在形式、运用模式、行为主体和沟通互联等几个方面，阐述了它的特殊之处，同时从不同维度剖析了它的构成要素和指标；第四章是网络空间环境的构建保障及关键技术，作为一个不同于现实环境的虚拟空间，如何让它可视化、具象化，是进一步理解、运用网络空间环境的重要技术，本章从技术角度出发，给出了解决方案；第五章是网络空间环境的安全困境，作为“第三环境”，网络空间环境如同自然环境遭到破坏、社会环境出现动荡一样，也面临各式各样的安全挑战；第六章是如何维护和治理网络空间环境，本章从物理层面、技术层面和治理层面给出了维护网络空间环境整体安全的思考。

网络空间环境研究是一个新兴的、十分具有挑战性的课题，有较高学术研究价值和重要的现实意义。由于编著者水平有限、时间仓促，书中难免存在疏漏和不足之处，恳请各位专家和读者不吝赐教。

编著者

2022.05

目 录

第一章

认识网络空间环境

在人类发展的历史长河中，文明的进步总是与技术的革新有着深刻的联系，技术革新推动文明进步，文明进步孕育技术革新，两者互相促进、互相依存，共同推动了人类社会的演进，改变和塑造了人类生存的环境。

人类自从诞生之日起，就与周围环境发生着密切的关系。在上古时代，原始人类刚刚从动物的群体中分离出来，掌握了最基本的劳动技能，逐渐懂得猎取食物、取火、制衣和穴居，从那时起，人类就依存在各种环境中进行着生存的竞争，目标是适应环境，利用环境。随着人类生存能力的增强，使用的工具也日益改善和丰富，人类在生产上逐步学会了农耕和养殖，在生活中穿衣、住房也有了基本保障，逐渐进入以农业文明为代表的农耕社会，同时人类开始对环境进行大幅度改造。人们将大片的荒山、草地辟为良田，发展水利和运输，当然，改造后的环境为人类带来了巨大利益，农业的丰收得到了更多保证，人口开始大幅度增加。随着人类生产力的不断发展，特别是随着文明的进步和科技的革新，人类与环境的互动日益明显和密切。进入工业时代后，人们已经不满足于农耕时代的环境条件，开始全方位地改造环境，极大地拓展了生存空间。例如，陆地交通的发达，使得人类走出世代居住的地方，走向更远的世界；航海技术的发展和海运的繁荣，让海洋成为人们生产生活的新空间，催生了以海为生的行业和相关生产生活方式；航空和航天技术的进步，将人类的活动范围拓展至天空和太空，“太空移民”的言论也被越来越多地提及，不妨大胆展开想象，或许在不久的将来，外太空会成为人类的新家园。

可以说，人类每个阶段生产力的提升和社会组织形式的进步，都与生产技术的发展紧密相连，同时又直观反射到对环境的利用和改造上。长久以来，人类与环境就是在这样相互依存、对立统一的关系中走过来的。人类与环境的相互依存，指的是人类以环境为载体，总是在一定的环境空间中存在，人类的活动总是同其周围的环境相互作用、相互制约和相互转化；或者说，人类既是环境的产物，也是环境的塑造者。所谓对立统一，是指人类的主观需求同环境的客观属性和发展规律之间存在不可避免的矛盾，人类必须认识环境、了解环境，在遵循环境发展变化规律的基础上改造或创造环境，才能达到自己的目标。

进入 20 世纪以来，全球化进程加速，全球化时代的科学技术象征非网络莫属。当前，以计算机、通信技术和信息网络为支撑的网络技术正在飞速发展并日臻完善，它引领人类进入了一个完全崭新的时代，开辟了一个不同于陆地、海洋、天空与太空的前所未有的“第五空间”，一个不同于物质环境和社会环境的“第三环境”。可以说，网络信息技术已经成为社会进步的强大引擎，在这个引擎的推动下，大到社会运转、经济模式、军事斗争样式，小到生活方式、工作形式、学习途径等，整个人类社会的基本运转领域都发生了翻天覆地的变化。更重要的是，它还给人类提供了一个新的生存环境，改变了人类的思维模式、行为方式和规范体系。

对技术发展的研究不应局限于技术本身。为使科技更好地服务于人类社会，理应以技术发展为基础，思考在新的时代背景下，科学技术可以发挥的综合效应和体系效能。如今世界已经进入了网络时代，它开辟了网络空间，形成了网络空间环境，诞生了新一代“网络原住民”。在此背景下，我们需要做的是梳理科技发展的基本脉络，厘清随之而来的新概念，结合新技术对社会生活的影响，分析其内在特点，明确其利用价值。

一、网络的发展历程：科技发展引发的巨大变革

相比其他引起社会变革的新兴技术，互联网走进人们生活的时间还不长，仅 50 余年。从根本上说，网络技术虽说是全球化时代的科技“图腾”，但网络的起源却脱胎于美苏之间的军事对抗，足见其开发的初衷与全球化的结果大相径庭。经过 50 余年的发展，网络世界已经发生了巨大变革，许多机构和学者都对网络的发展历程进行过梳理。例如，美国国家研究委员会于 1999 年编著的《资助革命：政府对计算研究的支持》一书，将网络的发展划分为 4 个阶段：早期阶段（1960—1970 年）、阿帕网（ARPANET）扩展阶段（1970—1980 年）、NSFNET 阶段（1980—1990 年）和 Web 的兴起阶段（1990 年至今）[1]。美国学者詹内特·阿巴特（Janet Abbate）关于互联网发展史的著作《发明互联网》（*Inventing the Internet*）（1999），从技术发展的角度追溯了从创建阿帕网到创建万维网这一阶段的发展历史，以及时代与社会对技术的塑造作用，为理解网络时代新知识的形态提供了启示，该书以年代为划分，描述了互联网在 20 世纪 60 年代到 90 年代的发展过程。我国学者方兴东等人在其论文《全球互联网 50 年：发展阶段与演进逻辑》中，将网络发展历程划分为 7 个阶段，如表 1-1 所示。

---

[1] 方兴东，钟祥铭，彭筱军. 全球互联网 50 年：发展阶段与演进逻辑[J]. 新闻记者，2019（7）.

表 1-1　网络发展历程

阶段	年代	基本特征	代表性应用	通信基础
一	20 世纪 60 年代	基础计算机技术	阿帕网诞生	有线电话
二	20 世纪 70 年代	TCP/IP 诞生	互联成为趋势	有线电话
三	20 世纪 80 年代	TCP/IP 和 NSFNET 成为主流	学术界实现互联	有线电话
四	20 世纪 90 年代	Web 1.0	万维网诞生 商业化浪潮开始	有线宽带
五	21 世纪初始 10 年	Web 2.0	社交媒体兴起	2G；3G
六	21 世纪 10 年代	移动互联	移动互联网兴起	4G
七	21 世纪 20 年代	万物互联	智能物联	5G

阶段一：20 世纪 60 年代的基础技术阶段，突破包交换技术，奠定阿帕网的基础。

阶段二：20 世纪 70 年代的基础协议阶段，最大的突破就是 TCP/IP 的诞生，使得互联成为大势所趋。

阶段三：20 世纪 80 年代的基础应用阶段，全球学术界首先联网，TCP/IP 和 NSFNET 成为主流。

阶段四：20 世纪 90 年代的 Web 1.0 阶段，主要是万维网（WWW）的诞生和商业化浪潮的开始。

阶段五：21 世纪初始 10 年的 Web 2.0 阶段，主要是社交媒体的兴起，网民成为网络内容的生产主体。

阶段六：21 世纪 10 年代的移动互联阶段，最大特点是智能手机全面崛起，移动互联网成为全球互联网主力军。

阶段七：21 世纪 20 年代开启的万物互联阶段，以 5G 为通信基础，以智能物联为代表性应用。

为更好地贴合大众视角，体现网络空间在技术和人文上的统一性，同时更体现网络这一新空间、新环境与社会的共同发展，为研究网络空间环境的特质做好铺垫，本书将网络的发展脉络归纳为如下 4 个阶段。

第一阶段，网络创世纪，重点是设计初衷、发展理念，体现的是网络的对抗性。

第二阶段，有限互联时代，网络走向科研，主要是在美国国家科学基金会的推动下，网络向科研领域开放并完成一定程度的互联。

第三阶段，全球互联时代，网络向商业和公众开放，走向更为广阔的舞台，逐步形成当前我们熟悉的网络空间环境。

第四阶段，网络空间时代，网络空间的重要性日益凸显，并被各国政府重视，实体空间的政治、经济、文化、军事等国家治理的重要内容映射到网络空间，网络空间环境成为社会生活中重要的组成部分。

本书的分类主要体现了网络作为一个新的空间和环境，它的适用范围不断变迁，总体上可以描述为从开始萌芽、快速发展、蓬勃壮大到政府介入的过程。当然，网络走向公众后，经历了技术上的几次迭代，但仍处于网络空间环境时代的本质没有变化，全球共享世界互联的时代已经来临。

1. 网络创世纪：因对抗而生的阿帕网

当前人们十分熟悉的网络，最早发端于美国军方，其原型是美军为与苏联军事对抗而研发的通信指挥控制系统。这套系统的设计初衷，是假如在其他通信手段均被毁灭后，美军仍可借助该系统进行最低限度的通信联络。

在 20 世纪中叶，美国领导的西方资本主义阵营和以苏联为首的社会主义阵营，在政治、经济、军事、外交等各个领域展开全方位竞争与对抗。在起始阶段，苏联的综合国力与美国有明显差距，但在 20 世纪 60 年代后，苏联开始强势扩张，特别是在军事领域，两国针锋相对，实力不相上下。在战略性核心武器和远程运载工具方面，苏联对美国的赶超态势十分强劲。1957 年 8 月，苏联成功发射了一枚洲际弹道导弹，将美国的主要城市和战略目标置于导弹打击范围之内；1957 年 10 月，苏联又发射了首枚人造卫星 Sputnik。这两个举动，极大地刺激了美国，其危机感不断加剧，美苏关系也不断恶化。

为迎接来自苏联的挑战，美国政府加大在军事科技领域的投入，并且在军方成立了国防高级研究计划局（DARPA），专门负责指导美国所有的太空计划和先进战略导弹研究。导弹、卫星等战斗装备的研发受到重视后，美国国防部管理层面临的另一个棘手问题就是在遭受苏联的军事打击特别是核打击时，美军如何维持作战指挥系统的正常运转，同时保证司令部指挥官和前线部队战斗人员之间的正常联络，并组织有效反击。也就是说，如何将散布在全球的美军作战要素，如通信、指挥、控制、计算机和情报（C4I）系统有效连接起来，在一个或多个节点受到攻击后仍能保证系统运行不受影响，并可实施反击，这是当时美国决策者面临的重要挑战。

为实现这一能力，解决各个作战要素之间的有效互联问题，美国国防高级研究计划局于 1967 年首次提出阿帕网的概念。阿帕网的全称是美国国防高级研究计划局网络（ARPANET），试图将作战单元有效进行联通的一个通信网络雏形的设想。美国国防部随后启动该项目，其标识如图 1-1 所示，其根本目标是建立一个新的军事通信网络。由此，分布式网络通信系统应运而生。

图 1-1　阿帕网项目标识

阿帕网是采用包交换技术（Packet Switching Technology），实现了节点互相分散又独立运行的通信方式，从而实现协同工作。所谓包交换技术，又称分组交换技术，是将计划传送的数据划分成一定的长度，每个部分称为一个分组，每个单位长度中都由一个分组头开始，用以指明该分组发往何地址，然后由交换机根据每个分组的地址标志，将这些数据转发至目的地，这一过程称为分组交换或包交换。包交换技术大大提升了数据传输的智能化程度，为组网奠定了重要的技术基础。设计之初的阿帕网只有4个节点，分布在美国洛杉矶的加利福尼亚州大学洛杉矶分校、加州大学圣巴巴拉分校、斯坦福大学、犹他大学4所大学的4台主机上。之所以选择这4个节点，是因为上述4所大学的主机具备兼容性，从军事保密的需求来看，这4台主机被置于美国国防部高度机密的保护之下，但从技术上看，它还不具备向外推广扩展的条件。

从技术层面看，阿帕网应用到的技术要点包括软硬件共享、分散控制结构、包交换技术、分层网络协议等。时间走到 1970 年，阿帕网初具雏形，硬件上实现了通信线路、网络宽带的共享，软件上实现了计算资源和数据资源的共享。随着各项关键技术的发展，阿帕网的网络幅度也逐渐扩展开来，到1974年，阿帕网已经发展成为连接美国大陆的计算机网络。

2. 有限互联时代：从军事对抗走向科研领域

国际形势不断演变，美苏对峙并未走向真正的战争，为对抗而生的阿帕网也并没有如当初的预想一样派上用场。避免了战争当然是世界历史的幸运，然而更大的幸运却是联通的理念已经深入人心，人们看到了网络互联的美好前景。阿帕网的设计理念是“无中心”和“开放式”，除了美国的军事部门，越来越多的非军事部门也认识到了这个网络的作用与价值，随着非军事部门的纷纷接入，以阿帕网为基础的网络雏形发展得越来越迅速。

1975 年，美国国防高级研究计划局把阿帕网的管理权限移交给了国防部通信局，但阿帕网的运行范围已经远远超出军事领域的应用，运行架构也日趋成熟，网络研究仅限于军事项目的局面已经不能满足现实需求。1979 年，威斯康星大学、美国国防高级研究计划局（DARPA）、美国国家科学基金会（NSF）等机构的专家经过研究，计划共同建立一个连接各大学计算机系的网络，一起进行网络通信方面的科学研究。由此，对网络的研究和应用开启了以科研机构为主导的有限互联时代。

以此为契机，阿帕网迎来了更为快速的发展。从范围上看，阿帕网连接的节点数量越来越多，整张网络辐射的范围越来越大。到 1981 年，接入阿帕网的节点数已经达到 94 个，分布在全球 88 个不同地点[1]，实现了较大范围的有限互联；从技术发展上来看，TCP/IP 出现并发展，使网络层级之间的运行模式不断完善，以不同的架构和操作系统为运行模式的网络之间也实现了连接。这项技术对网络的发展来说具有里程碑意义。该项技术萌芽于 1973 年，为解决不同架构和网络间的身份确认、信息重组及相互间的传输控制等关键性问题，美国斯坦福大学教授文特·瑟夫等人提出建立一个信息传输控制协议，随着研究不断深入，TCP/IP 逐渐成形。具体来说，TCP/IP 意味着 TCP 和 IP 协同工作，TCP 负责应用软件（如浏览器）和网络软件之间的通信，IP 负责计算机之间的通信，这为真正互联网的出现奠定了关键性的技术基础。

[1] 汪晓风. 网络空间攻与防[M]. 上海：复旦大学出版社，2018：8.

如图 1-2 所示为 TCP/IP 传输流程。

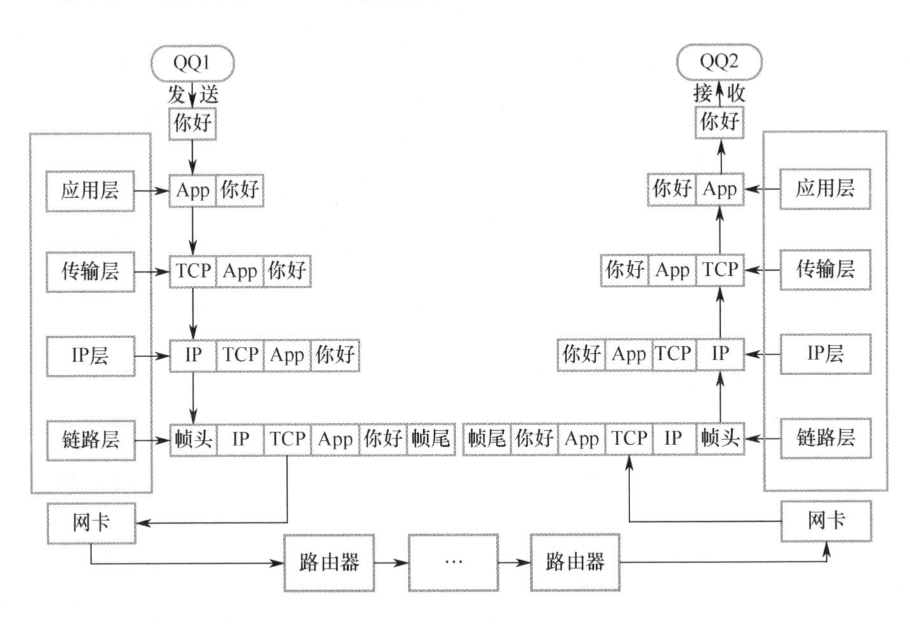

图 1-2　TCP/IP 传输流程

随着科研的深入及美国多所大学对计算机和网络技术的推动，美国国家科学基金会提供资助建立了计算机科学网络（CSNET），它通过 56 Kbit/s 的通信线路，将美国 6 个超级计算机中心连接起来，实现资源共享，形成了一个庞大的科研互通网络，供美国国内大学共享教学和科研资源。这 6 个计算机中心分别是位于美国新泽西州的普林斯顿冯·诺依曼国家超级计算机中心，位于加利福尼亚大学的圣地亚哥超级计算机中心，位于伊利诺斯大学的美国国立超级计算应用中心，位于康奈尔大学的康奈尔国家超级计算机研究室，由西屋电气公司、卡内基·梅隆大学和匹兹堡大学联合运作的匹兹堡超级计算机中心，美国国立大气研究中心的科学计算分部。

在建立 CSNET 之后，美国国家科学基金会又推动建立了横跨全美的国家科学基金会网（NSFNET）。NSFNET 采取的是一种具有 3 级层次结构的广域网络，整个网络系统由主干网、地区网和校园网组成。各大学的主机可连接到本校的校园网，校园网可就近连接到地区网，每个地区网又连接到主干网，主干网再通过高速通信线路与阿帕网连接。这样一来，学校中的任意一台主机可以通过 NSFNET 访问任何一个超级计算机中心，实现用户之间的信息交换。NSFNET 本质上是一个连接学术用户和阿帕网的网络，并成为推动 20 世纪 80 年代美国和全球大学之间联网的主导性力量，主要向大学及公共研究机构开放，具有较强的学术色彩。NSFNET 可以说是走向国际互联网的真正起点，它成为后来互联网的基干网，Internet 起初就是以它为基础并连接当时流行的其他几个网络而形成的。

与此同时，在不同领域、国家之间，多种多样的局域有限连接网络如雨后春笋般涌现，例如，法国 Telecom 公司在法国全境部署的 Minitel（Teletel）网，美国纽约市立大学建立的合作网络 BITNET，连接荷兰、丹麦、瑞典和英国的欧洲 UNIX 网（EUnet）等，充分体现了在网络发展过程中人们的多种尝试。这些不同的网络使用的底层逻辑和协议是不同的，阿帕网使用的是 TCP/IP 运行协议，因其开放性和无中心的特点，在各类局域网络的竞争中胜出，受众范围日益增大，特别是在 NSFNET 出现之后，今天熟悉的互联网雏形已经形成，互联网时代呼之欲出。

3．全球互联时代：向商业和公众开放

在现代意义上互联网的孕育阶段，主要针对的是学术科研机构，网络的商业价值并未受到足够的重视，但网络互联、共享的特点蕴含了巨大的商机，

吸引了越来越多的企业关注和加入，互联网也真正进入了大众的视野，走入商业领域，成为变革时代的创新力量。

网络的存在推动了商业化和国际化进程，美国顺应时代趋势，采取了较为务实的政策引导，推动了互联网的高速发展。1992 年，克林顿当选美国总统，他十分看好互联网的发展前景，对推动美国的互联网走向更繁荣的未来雄心勃勃。1994 年，克林顿政府发布《互联网指导大纲》，并于同年签署行政命令，宣布互联网向商业和公众开放。在政策的拉动下，互联网迎来了真正的迅速发展，由此 1994 年也被称为“国际互联网元年”。

在此后的 10 年里，万维网的发明推动了网络信息时代的前进，第一个 Web 网页诞生之后，又陆续出现第一个搜索引擎、第一款音乐文件、第一个门户网站、第一个浏览器、第一个互联网公司、第一个购物网站、第一个社交网站、第一个新闻网站，等等。在这让人眼花缭乱的众多“第一”之中，最具吸引力的是互联网带给人们的商业价值。在美国“信息高速公路”政策理念的引导下，在华尔街资本市场和硅谷创业精神的共同推动下，互联网商业热潮席卷全球。作为最典型的代表，网景公司 IPO 已经成为互联网发展史上的标志性事件。如图 1-3 所示为网景公司出品的初代浏览器：网景导航者。1995 年 8 月 9 日，网景公司股票的开盘价是 28 美元/股，开盘仅 1 分钟，股价就冲到了 70 美元/股。《华尔街日报》曾评论，美国通用汽车公司花了 43 年才使市值达到 27 亿美元，而网景公司只花了 1 分钟。网络带来了巨大的商业机会和经济新域，可以说，拜互联网科技成熟之赐，克林顿执政期间最大的成就是繁荣的经济，互联网革命创造了一个带有巨大产值的新产业，连带创造了高薪的工作机会，助力了美国经济的腾飞。

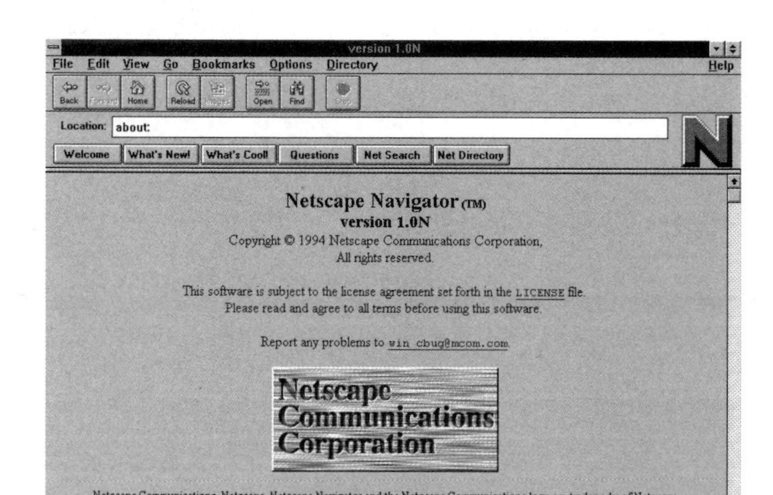

图 1-3　网景公司出品的初代浏览器：网景导航者

当然，互联网的快速推进和野蛮生长，也展现了它泥沙俱下的一面。网络给人们的生活带来极大便利的同时，也产生了人类未曾遇到的新问题。在技术领域，出现了网络病毒、网络黑客；在社会领域，出现了非法内容、不当内容在网络上的传播；等等。例如，1988 年 11 月 2 日，美国发生了“蠕虫计算机病毒”事件，给计算机技术的发展罩上了一层阴影。蠕虫计算机病毒是由美国康奈尔大学的研究生莫里斯编写的，他编写了一个程序，该程序可以在计算机之间传播，并要求每台机器将信号发送回控制服务器，以进行计数，他的目的是确认当时的互联网到底连接了多少台计算机。虽然莫里斯并无恶意，但在程序施放到网上后的短短 12 小时内，超过 6 200 台采用 UNIX 操作系统的工作站和 VAX 小型机瘫痪或半瘫痪，其中涉及 NASA、大学及未被披露的美国军事基地，不计其数的数据和资料毁于一夜，数千台联网的计算机停止运行，造成巨额损失，成为当时的舆论焦点。这一典型的病毒入侵计算机网络事件迫使美国政府不得已做出反应，国防部成立了计算机应急行动小组。据统计，此次事件造成的直接经济损失达 9 600 万美元。这是计算机历史上第一个通过 Internet 传播的计算机病毒，它提醒了人们，互联网营造的空间并非单纯美好的世外桃源，它像任何一个人类生活的环境一样，是错综复杂的。如图 1-4 所示为保存在计算机历史博物馆中的“蠕虫”病毒源代码。正如前文所述，技术在发展，而我们关注的不应该仅是技术本身。在互联网蓬勃发展的阶段，人们对技术之外的思考逐渐多了起来，正如美国学者尼葛洛庞帝在其 1996 年出版的《数字化生存》（*Being Digital*）一书中描述的那样，“网络真正的价值越来越与信息无关，而和社区相关。”

图 1-4　保存在计算机历史博物馆中的“蠕虫”病毒源代码

4．网络空间时代：人类生存的新环境

当人类带着哲学思考再度审视网络，网络已经以惊人的速度覆盖全世界，成为人类生活不可或缺的一部分，就如同尼葛洛庞帝在《数字化生存》一书中所说的那样，“计算机不再只和计算有关，它决定我们的生存。”网络社会的兴起，使人们面临着新的生存空间和新的人文环境，而经过前期的快

速发展，这个空间和环境已经逐渐不再由纯粹的技术、学术和商业驱动着，其不得不开始面对它纷繁复杂甚至是黑暗邪恶的一面。特别是随着政治军事因素的加入，网络空间这一虚拟存在与现实世界的联系越来越紧密，体现出一定的“真实性”，人类正式进入网络空间时代，网络空间成为人类生存的新环境。

值得一提的是，在网络空间时代，人们在网络空间环境的活动成为左右网络空间发展的重要因素。

在国家层面，自 2001 年美国“9・11”恐怖袭击事件发生后，美国抓紧进行情报机构的改革，日益重视对各类通信系统的监视和情报的获取，美国国土安全部（Department of Homeland Security，DHS）应运而生。2001 年 10 月 26 日，美国颁布《爱国者法案》，赋予联邦政府搜集掌握美国民众个人信息的权力。此后，美国政府渐渐意识到网络空间对维护国家安全的重要性，并率先在网络领域研究制定应对恶意攻击的战略规划，逐步将网络空间军事化。2003 年，美国公布《国家网络安全战略》，并在随后的几年里又陆续出台多个涉及网络空间安全的战略规划，倾注更多人力、财力、物力，建设强大的网络空间优势。随着 2010 年美军网络司令部的诞生，美国政府对网络空间的认识已经非常清晰：“网络安全威胁是我们作为一个国家所面临的最严重的国家和公共安全问题及经济挑战……因此，我们的数字化基础设施是战略性国家资产，保护它们，同时保护公民的隐私和自由是国家安全的一个要务。”如图 1-5 所示为美军网络司令部的标志。

图 1-5　美军网络司令部的标志

除美国外，其他国家也不甘落后，各国政府纷纷拿出自己的顶层设计，试图更好地利用和治理这个新空间，因为这个新的虚拟空间的力量，可以颠覆现实中的国家统治。此后，网络空间不仅是指网络环境与平台，而且已经上升为国家间实力和利益较量的重要战场。

在个人层面，作为网络空间时代的居民，人们享受了网络带来的诸多红利，如更快捷的沟通、更便宜的商品、更高效和多样化的服务、更宽广和无界限的视野。特别是智能移动终端出现后，可以说，人们的生活已经“移居”到了网上，网络已经与现代人类不可分割。同时，正如美国作家丹·布朗在其创作的长篇悬疑小说《数字城堡》中所发出的提问一样，国家出于维护安全的考虑，监视网络空间环境下的行为，那么“谁来监视那些监视者呢”？人们在网络空间享受便利的同时，也失去了隐私权，一些别有用心的人利用这一点大做文章，形成了巨大的犯罪温床。“橘生淮南则为橘，生于淮北则为枳”。由此，研究当前的网络空间环境是如何影响人类生活的，具有重要的价值。

二、网络空间概念的形成、发展与丰富：人类生存空间的极大拓展

一部波澜壮阔的网络发展历程，记录了人类科学技术的创新、思维方式的改变和社会运转方式的更迭，其中，以“开放、共享”为核心理念的互联网精神是这一切产生和发展的底层逻辑。也正是遵循了这一逻辑，网络带给了人类前所未有的巨大价值，划时代的科技进步、此前难以想象的生活质量的提升，都离不开近几十年来网络技术的飞速发展和全球的融合共享。网络时代的普通人，同样也获得了更大的舞台和更强的力量。身处网络时代，围绕这个我们已经须臾不能离开的新的生存环境，有必要带着审视和思考，廓清网络空间环境的边界，更好地理解和观察网络空间环境。

1. 何为空间：一个简单而又复杂的问题

人们习以为常的事物往往很难用严谨的概念去界定。空间，就是一个和我们生活息息相关的概念，它无处不在，有大有小，我们似乎对它很熟悉，平淡到不会去思考它的定义，却又很难解释清楚。事实上，空间是一个很抽象的概念，属于哲学范畴。研究网络空间环境，必然要清楚空间的本质属性。

什么是空间？针对这个概念，中外典籍都做过相关论述。《简明大英百科全书》中对空间的解释是，“指无限的三度范围，在空间内，物体存在，事件发生，且具有相对的位置和方向。”这个概念从“物理—地理”学角度基本上解释了我们所处的这个物质世界的空间概念，相对比较容易理解。《辞海》中对空间的解释是“运动着的物质所存在的一种基本形式”，其另外一种基本形式是“时间”，两者都具有一定的客观性，这个概念从另一个侧面也揭示了时空的密不可分。从本质上讲，空间和时间类似，都是极为抽象的、人为搭建的概念：时间来源于因果逻辑链，按物理过程的前后，分离出前因后果的逻辑关系，这就带来了时间的概念；而空间则来源于不同的逻辑，即能够区分出两个物体（而不是重叠的一个物体），必然带来空间的概念。可以说，时间和空间的概念，实际都没有对应的物理客体，只是人类的认知抽象。

虽然人类对空间的概念进行了很多思考和理论探究，但很难给出一个放之四海而皆准的定义，更现实的方法是描述它的特质，无限接近真实。

马克思对空间这一哲学概念的研究非常深入，而且对后来的哲学家影响也很大。例如，20 世纪 70 年代以来，以亨利 •列斐伏尔（Henry Lefebvre）为代表的新马克思主义者对马克思空间思想进行了广泛的研究和探讨，为我们研究空间这一基本哲学问题提供了诸多有益的理论启示。在马克思的空间观中，他提出了空间具备的 3 个特点：物质性、客观性和社会性。从物质性上看，物质运动的基本存在形式就是空间，如果空间中没有物质，那就不是“空间”，而是“空洞”，因此，物质运动和空间有着不可分割的联系，具有高度的一致性；从客观性上看，物质存在的两种基本形式就是时间和空间，物质是客观存在的，时间和空间也是客观存在的；从社会性上看，人的本质是一切社会关系的总和，人存在于空间之中，人的活动包括实际活动和精神活动，都存在于人类生活的空间之中，也就是社会空间之中。

“空间”是在现实社会中经常被提及的概念，除了现实意义上的自然存在的空间，还有其延伸和拓展，如精神空间等，在马克思的哲学研究中，将这样的不同于现实意义的空间统称为社会空间。社会空间虽然抽象，但人们可以梳理出它的形成过程，在人类自身的实践活动对自然空间的不断开发与拓展中，人类逐渐拥有了自我意识，形成了精神层面的认知并走向文明。与自然空间相比，社会空间更为复杂。可以说，自然空间让人类生命得以维系，让人类实践活动得以顺利进行，这种实践活动形成并造就了社会空间。马克思认为，“人的本质是社会关系的总和”。在最初的社会空间中，只有典型的人与人的依赖关系，但伴随着自然科学的迅速发展和生产力水平的不断提高，人类社会空间变得日益复杂，出现了经济、政治、文化等多种更高等级的关系，人类与空间的关系也随之多样化。

除此之外，尤其在当前的生产力条件下，空间还是近代以来人类开展经济活动的重要因素和政治活动的重要舞台。同时，人类文化的发展也体现了相当明显的空间维度特性。

在马克思的研究视域中，空间概念的产生和演化遵循了人类实践活动的发展规律，是人类实践活动的产物。马克思以实践和资本逻辑为基础，阐述了人们对空间演变过程的认知，即从历史角度看，空间“从自然空间到社会空间”，再“从乡村空间到城市空间”，而后随着生产力的发展逐步演变到“资本主义的全球空间”，这是人们所认知的“空间”的发展脉络，突出了空间具有强烈的历史性和现实性，同时更具有物质性和社会性。

2. 何为网络空间：一个随着科技发展产生的新概念

网络空间，是人类进入互联网时代后产生的新概念。一般认为，最初提及网络空间这个概念的是美国科幻小说家威廉·吉布森（William Gibson）。

1983 年是互联网发展史上的一个重要节点，域名系统（DNS）出现后，产生了如.edu、.gov、.com、.mil、.org、.net、.int 等一系列域名，这些具有实际意义的单词缩写，比纯粹数字化的 IP 地址（如 123.456.789.10）更容易被人们记住，并且赋予了网站个性化、人性化、属性化的地址名称，让一个个冰冷的网站地址产生了温度，同时也增添了人们更多的主观想象和期待。有了这个基础，一个网站或者说整个网络变得日益具象，网络空间的形象呼之欲出。如图 1-6 所示，1984 年，威廉·吉布森在其科幻小说《神经漫游者》（*Neuromancer*）一书中创造了“网络空间”（Cyberspace）的概念，小说讲述了一个网络独行侠受雇于神秘力量，奉命潜入跨国企业的信息中心窃取机密情报的故事。这个故事虚构出了一个和人类神经系统相连接的奇异的空间，它由计算机网络构成，不存在于任何一个我们已知概念的空间之中，但是它既虚拟又真实，既无处不在又不在任何一处。威廉·吉布森描写的用计算机网络把全球的人类、机器、信息源都连接起来的新时代，昭示了一种社会生活与交往的新型空间，这就是我们现在所理解的网络空间。20 年后，火遍全球的科幻电影《黑客帝国》上映，其中描绘的虚拟空间，其核心框架正是来源于《神经漫游者》。

图 1-6　开创网络空间概念先河的长篇小说《神经漫游者》

20 世纪 90 年代初，英国学者丹·斯莱特（Don Slater）曾对网络空间进行定义，认为网络空间是对社会环境的感知，这种环境完全存在于计算机空间并分布在日益复杂多变的网络之中，是一个用于表达和交流的空间。但随着互联网的快速发展，网络的作用显然已经远远超出“表达和交流”，网络空间已经演变成现代人类生产生活的基础依赖，甚至已经发展成现代人类生产生活方式的本身，是承载人类各种活动的新的生态领域。

随着网络空间的影响日益广泛，各国政府纷纷提高重视程度，提出自己对网络空间概念的理解。综合各国对网络空间的定义，基本可以分为以下几类[1]。

一是将网络空间定义为信息通信基础设施，认为网络空间为“由信息系统、电信网及其他设施所组成的全球域，其为社会、经济、军事和其他活动提供了基础平台”。不难看出，将网络空间与信息通信基础设施画等号，更多的是将关注点放在了形成实体网络的“硬件”上，更侧重于人们肉眼可见的甚至是可以形象梳理描绘出来的由网络电缆组成的那个实质“网络”，而忽略了这个实质网络所承载的虚拟部分。

二是将网络空间定义为信息通信基础设施及其所承载的数据，认为网络空间是一个在数据层面链接了全球规模的所有信息技术系统的虚拟空间，其基础是互联网，作为一个通用的和可公开访问的链接和传输网络，能够由任意数量的额外数据网络来补充并进一步扩大。将信息通信基础设施及其所承载的数据定义为网络空间，与第一种定义方式相比，从含义上有了明显的拓展，将网络空间的虚拟部分和实体部分都包含了。

三是将网络空间定义为设施、数据与人的集合，认为网络空间是对一种新型全球域的命名，其由信息技术网络基础设施和信息与电信系统组成，边界模糊；网络空间的用户处于前所未有的充满新机遇的全球化进程中，但也必须面对新的挑战、风险及威胁。正如前文所述，空间是“人类实践活动的

---

[1] 方滨兴. 论网络空间主权[M]. 北京：科学出版社，2017：17.

产物”，新兴的网络空间也不例外，它离开人类的参与，必然是不完整的。反过来也恰恰证明了人是空间的构成要素中不可或缺的组成部分，甚至在当前的环境下，人仍是主导网络空间环境发展演变的主体。

四是将网络空间定义为设施、数据与操作的集合，认为网络空间是包含一个或多个信息技术基础设施的电子信息处理领域。人与空间环境是互相影响的，两者互相促进、互相依存。人类通过参与对环境要素的处置来改造物质空间和社会空间，而在网络空间，则通过对信息基础设施所承载的数据进行各类操作来改变网络空间。

如图 1-7 所示为网络空间环境的定义的演进。

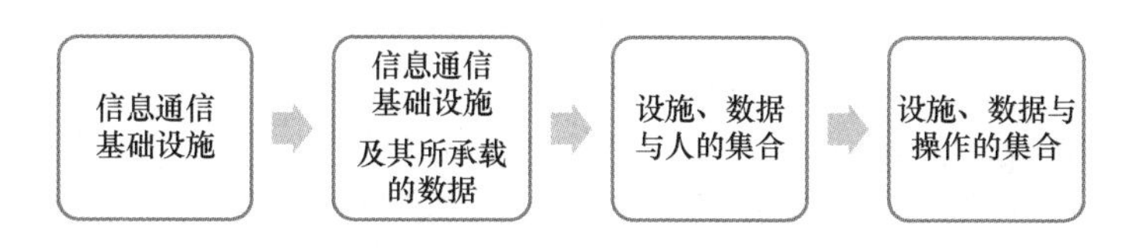

图 1-7 网络空间环境的定义的演进

从上述定义不难看出，人们对网络空间这一新生事物的认识是不断发展的，其所包含的内容也不尽相同。网络诞生至今已有 50 余年，走过的历程还不算长，人们对于网络空间这一新概念的认知也将随着时代的发展而进一步深化。2016 年 12 月，由中国国家互联网信息办公室发布并实施的《国家网络空间安全战略》（以下简称《战略》）指出，“互联网等信息网络已经成为信息传播的新渠道、生产生活的新空间、经济发展的新引擎、文化繁荣的新载体、社会治理的新平台、交流合作的新纽带、国家主权的新疆域。”“伴随信息革命的飞速发展，互联网、通信网、计算机系统、自动化控制系统、数字设备及其承载的应用、服务和数据等组成的网络空间，正在全面改变人们的生产生活方式，深刻影响人类社会发展进程。”《战略》对网络空间的描述，包括设施、数据、用户、操作 4 个要素。各国对网络空间的认知不断发展演化，本书综合我国权威网络空间战略的描述，将网络空间定义如下：以各类通信基础设施为基础，由在此之上的数据、参与者及各类操作构成，用以支撑各类信息活动的人造空间。

综合来看，网络空间的产生与不断发展完善，体现了人的社会关系随着科技进步不断演化的过程。作为一种“虚拟的存在”，网络空间中的自由体现为一种“有限的自由”，网络空间中的交往体现为一种“无中心的交互”，而网络空间又是一种“流动的场域”。在空间归属问题上，不能简单地指认网络空间“是”或者“不是”公共领域，而是要积极发挥网络空间的公共领域功能，建构良好的网络空间环境。

3．何为网络空间环境：一个人类生存的新环境

事实上，随着计算机技术的发展和网络的普及，网络空间的概念已经逐步深入人心，人们对网络空间的认识越来越具体、越来越直观，但什么是网络空间环境呢？在本章开头的论述中阐述了人类与环境不可分离的关系，人类的活动总是发生在一定空间、一定环境中的，人类既是环境的产物，也是环境的塑造者，双方是相互作用、相互制约和相互转化的关系。同样，在网络空间时代，网络已经成为生产生活的新空间，这个空间的状况如何、与人类的生产生活互动如何，就是我们要研究的网络空间环境的内容。

环境，指的是人类生存的空间及其中可以直接或间接影响人类生活和发展的各种因素的总和。一般来说，人们习惯将人类的生存环境分为自然环境和社会环境。自然环境也称为地理环境，顾名思义，指的是环绕于人类周围的自然界，包括大气、水、土壤、生物和各种矿物资源等。自然环境是人类赖以生存和发展的物质基础。社会环境是指人类在自然环境的基础上，为不断提高物质和精神生活水平，通过长期有计划、有目的的发展，逐步创造和建立起来的人工环境，如城市、农村、工矿区等。社会环境的发展和演替，受自然规律、经济规律及社会规律的支配和制约，其质量如何是人类物质文明建设和精神文明建设的重要标志之一。

不难看出，空间与环境是部分重叠而又各不相同的。与空间相比，环境更加侧重特定空间上承载的特定要素。例如，在军事领域，一个陆地上的空间，可能成为陆战场环境。作为战场环境，它已经不单纯是一个空间，而是作战行动不可离开的重要制约因素。也就是说，战场空间的环境，对于作战行动而言，如同水与鱼、空气与人的关系一样，地位十分重要。它一方面为军事决策和战场行动指挥提供参考依据，另一方面也为军事行动奠定基础[1]，这是由构成战场环境的要素决定的，这些要素主要包括地形地貌、水文、气象等自然要素，交通、工农业生产、行政区划、人口、民族、宗教等社会人文要素，以及国防工程构筑、作战物资储备等战场建设情况。战场环境影响武器装备的使用、战斗力的发挥、战场态势的变化和战斗结局，是进行战役筹划、确定作战样式、制订作战计划，以及研究战役、战

[1] 张为华. 战场环境概论[M]. 北京：科学出版社，2012：3.

术必须掌握的基本条件，足见环境对人类行动的重要制约作用。在经济领域，空间对经济活动的影响也是很重要的。在农耕时代，经济活动主要发生在“自然空间”“乡村空间”，那么在上述空间中支撑经济活动的要素，如自然条件下的土地、劳动工具、生产资料甚至是人与人之间简单的劳动关系等，都构成了这个空间内的环境；进入工业时代，经济活动主要发生在“社会空间”“城市空间”，而在这样的空间中，自然也发展出了相应的支撑经济活动的要素，例如，人们逐步创造出来的相对先进的生产工具，逐步发展的科学技术和由此大幅度提升的生产力，人与人之间日益复杂的劳动关系等。

如图 1-8 所示为空间、环境和网络空间环境关系。

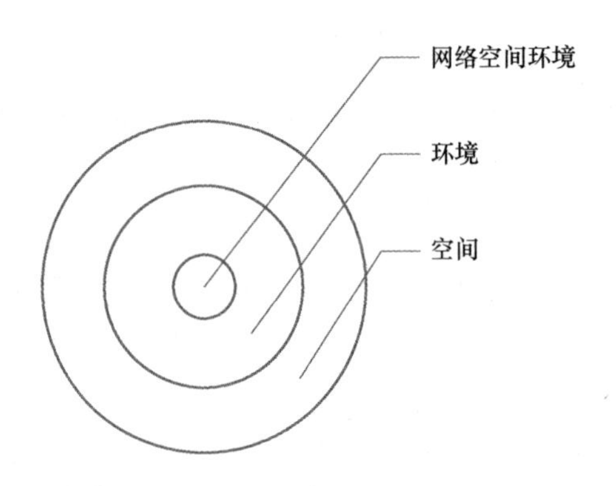

图 1-8　空间、环境和网络空间环境关系

随着人们的生产生活逐渐移居到网上，网络空间与人类生产生活发生着越来越密切的关系，也日益成为一种崭新的生存环境。人们在网络空间环境下进行各类活动，这个空间日益规模化，环境日益人性化，给人们的生产生活带来了极大的便利。与此同时，这个环境也如同任何一个我们已知的环境一样，

有利有弊。2007 年 4 月，爱沙尼亚遭受到了前所未有的网络攻击，这场攻击规模之大、损失之严重远远超出了一般黑客攻击的范围。在爱沙尼亚的惨痛教训下，人们不得不承认，网络空间已然成为一个充满对抗的环境，各国开始未雨绸缪，筹划网络空间环境安全治理方案，将国家安全延伸到网络空间。

三、网络空间环境的认知：对新空间的科学思考与实用研究

1. 网络空间环境研究什么

科技的创新与突破，最终都会极大地拓展人类活动的环境和领域，给人类的生产和生活带来重大变革。例如，随着机械、化学、航海、电磁及航空航天等技术的发明和发展，人类可触及的实体生活环境实现了由近到远、由平面到立体、由地表到太空、由可见到不可见的巨大跨越。互联网技术的发展带来的变化更为深刻，网络空间已经覆盖人们生活的方方面面，成为人类生存的新环境。

“网络空间”是进行网络空间环境研究的一个基础概念。在厘清网络空间的含义之后，需要明确研究对象。通过前文的分析，我们知道，网络空间是人为创造出来的空间，并且有人类的实践活动参与其中，使之成为人类存在的新环境。环境可以粗略地分为自然环境和社会环境。因为网络空间是建立在网络基础设施之上的空间，因此，在一定程度上具有自然环境的特质，是“非自然的自然环境”。网络空间还是人类参与实践活动的空间，因此，具备人的交往关系因素，也是一个社会环境。所谓社会环境，是指由人与人之间的各种社会关系所形成的环境，包括政治、经济、文化、军

事等多种关系。也就是说，从人的参与角度来讲，网络空间形成了社会环境，如网络空间中的舆论环境、人际关系环境、国际关系环境等；而从网络空间的客观性来讲，它在一定程度上是客观存在的真实自然环境，如支撑网络空间得以存在的通信基础设施、保证网络空间正常存在和运转的软硬件设施等。因此，网络空间环境研究的对象，是指在网络空间范围内，人类进行一切实践活动所依托的物质基础、运行模式、趋势现象的总和，如构成该环境的地理及物理基础、技术基础、运行规律、人文因素等。对于这个全新的生存环境，可以从多个维度认识。简单来说，可以从以下几个角度来探究和理解网络空间环境。

一是从环境本体构成来看，也就是从技术角度看，网络不是由基本粒子构成的实质世界，而是在数字技术的基础上，以“比特”为最小构成单位、对现实进行模拟的非实体世界、虚拟环境。

二是从环境参与者，也就是活动主体来看，参与者的匿名使得人的角色符号被解构，人成为网络空间中不可见的存在。

三是从环境要素，也就是环境构成客体来看，网络空间环境中依靠的是流动的数据与信息，一切实践活动都成为数据、指令、信息、符号，参与者通过这些代码进行各类活动。

总体来看，网络空间环境由构成本体、活动主体和客体构成，这 3 个要素构成了一个虚拟的空间环境。这个环境中所包括的本体、主体和客体，也就是网络空间中的技术、角色、信息、实践活动，以及上述要素之间的关系，都是进行网络空间环境研究的对象，如图 1-9 所示。

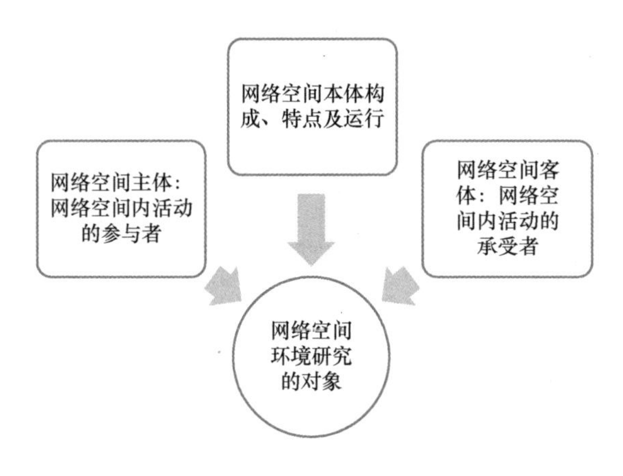

图 1-9　网络空间环境研究的对象

2. 网络空间环境研究的实用性

技术的发展最终都是要服务人类社会的，随着网络技术不断进步，人们对网络空间的重视程度不断提升，一些基于网络空间的新型服务和应用模式也应运而生。当前，网络空间与现实空间的融合程度越来越高，体系化研究网络空间环境具有巨大实际价值。

从技术角度讲，准确、实时掌握网络空间环境要素是当前网络技术发展的一个重要方向。物联网的产生和快速发展，可以说是通过网络技术将空间环境内的要素集中调动和应用起来的典型代表。物联网（Internet of Things，IoT）是指通过各种信息传感器、射频识别技术、全球定位系统、红外感应器、激光扫描器等装置与技术，实时采集任何需要监控、连接、互动的物体或过程，采集其声、光、热、电、力学、化学、生物、位置等各种需要的信息，通过各类可能的网络接入，实现物与物、物与人的泛在连接，实现对物品和过程的智能化感知、识别和管理的技术手段。物联网是一个基于互联网、传统电信网等的信息承载体，它让所有能够被独立寻址的普通物理对象形成互联互通的网络。当前，物联网技术正在迅速发展，物联网的应用创新也在不断被加强，有着非常广阔的市场前景和潜力。2021 年 7 月 13 日，中国互联网协会发布了《中国互联网发展报告（2021）》，物联网市场规模高达 1.7 万亿元，人工智能市场规模达 3 031 亿元。

网络空间与实体空间跨领域融合的趋势进一步加剧，山川河流、城市街道等都可以映射到网络空间，甚至做到实时映射，人们真正实现了“坐地日行八万里，巡天遥看一千河”。体现最为明显的是当前应用广泛的出行导航系统，这是一个典型的现实空间环境要素实时、准确映射到网络空间的代表，它通过对现实空间中的各类交通要素，如道路网络、节点、交通状况等进行整合，根据实时数据和智能算法做好出行规划，极大地发挥了网络空间技术的优势，也极大地方便了人们的生活。未来，空间融合、网络融合、虚实融合是趋势，实体空间环境中的各类节点和实体都会在网络空间有所体现，对网络空间环境的研究是网络技术服务于人类生活的有效途径。

从治理角度讲，网络空间环境日益成为维护安全稳定的重要抓手。众所周知，随着网络空间成为人类生产生活的新空间，人类社会的政治、经济、文化、军事等各个领域，都在网络空间有所体现。如何高效管理网络空间、合理分配资源，并进行监测防护，是当前网络空间发展的一项重要工作，也是进行网络空间环境研究的重要推力。例如，在军事领域，由于网络空间“平战难分”的特性，网络空间可能成为爆发军事冲突的第一战场，以网络战为重要样式的联合作战将成为未来战争的主要形式。然而，由于网络空间是一个新作战域，其在与陆战场、空战场、海战场等传统作战环境联合时，面临着话语体系不一致、指挥作战效率低的问题。例如，传统战场环境中的战术要地，在网络空间战场环境中，可能是一个关键节点，如何将网络空间、地理空间和社会空间进行互相映射，将虚拟、动态的网络空间测绘成一份动态、实时、可靠、有效的网络空间地图，为决策者提供有价值的信息资源，降低决策的不确定性和风险，成为网络空间治理领域中的一项重要工作，并具备重要的现实意义。

第二章

网络空间环境如何影响世界

2

技术作为人类的基本文化现象，具有不同的形态，每种形态都表示和决定着人的一种特殊生活方式和存在样式[1]。科学技术的重大创新，必定会带来人类社会生活方式和存在样式的巨大变革。在网络空间时代，任何个人、组织乃至国家，都不可能置身事外，网络空间已经成为现代人类生存离不开的新空间、新环境。随着人们与网络互动程度不断加深，在网络空间环境中甚至已经形成了一种新的社会组织形式——网络社会。

所谓网络社会，可以理解为一种数字化的社会结构、关系和资源的整合环境。网络的出现和发展，为活动和信息交换提供了虚拟空间，有社会学家认为，虚拟空间及其中发生的各种活动形成了网络社会。网络社会是现实社会在网络上的另一维度的体现，其中最典型的就是各大社交网站的兴起，这些社交网站涵盖了人们在现实社会生活中的方方面面，可以说是无所不包，甚至可以理解为网络社会中的不同虚拟国家或者虚拟社区。网络社会的出现，在某种程度上可以说是人类世界由原子构成的物质世界时代向由比特构成的网络时代的演进。从这一视角来看，对网络社会的解读有以下 3 个基点：一是对虚拟性的认知，网络社会是“数字化社会结构”，它凸显了数字这一决定网络社会系统的社会功能，以及由此构建的关系网络要素的重要性，即这个社会结构的虚拟特征；二是对差异性的认知，网络社会结构与现实社会结构有着明显的差异性，它的特殊之处在于，网络社会作为一种社会结构，不是自然产生的，而是建立在技术基础之上的，具有不同于现实社会的高技术性特质；三是对范畴的认知，网络社会是数字化结构的社会，它是由信息

[1] 张桂芳，陈凡. 技术与生活世界[J]. 哲学研究，2010：3.

技术、通信技术和网络技术连接而产生的具有数字化和技术化特性的新型社会结构，而不仅是现实社会结构的延续。

随着网络技术的日新月异，互联网已经渗透到社会生活的各个领域，一个国家或地区的网络技术水平与性能的高低，以及能否安全、稳定运行，不仅决定着信息资源的利用效率和使用体验，而且直接影响政治、经济、文化和军事等关系国家利益和走向的重要社会领域。同时，互联网推崇开放、分享、平等与协作思维，在网络空间环境下，信息的开放程度与共享程度、人与人的平等关系和协作程度都已远远高于现实空间，而这个理念与现实，与社会治理理念中的开放、平等、对话和协商等存在高度的契合。网络社会是基于互联网的广泛运用而形成的新的社会运行环境，网络社会与现实社会相对独立而又联系密切。网络空间环境下的网络社会同样是人类生存的社会形式，在政治、军事、文化等领域的治理，与现实社会存在交叉之处的同时，又深刻影响着现实社会。

一、政治领域：国家治理与国际博弈新空间

1. 国内网络空间环境治理关乎国家稳定

网络的出现与普及给国家治理带来的影响是双向的。其中，有电子政务、网上办公方面的效率提升之利，也有网络犯罪、恶意攻击、非法舆论宣传带来的社会动荡之弊。

在有利的一面，可以感受到以信息网络为基础的电子政务带来的便捷高效，政府网上办公、居民网上办事，已经成为政府推行政策实施、组织办公和日常管理不可或缺的手段。我国是网络大国，互联网普及率高，各级政府都有自己的网站，居民可以通过政府网站了解政府职责职能、办事权限和日常事务，及时获取政策信息，实现政务透明。互联网在普通民众与政府之间架设沟通的桥梁，既增加了政府透明度、提升了民众信任度，又提高了各类政务办事效率，一举两得。与此同时，网络空间环境的存在使政府内部、上下级之间、同级机构之间互联互通，整个国家治理机构在体制上成为有机整体，依托信息网络传递政策与信息，实现上情下达的贯通和横向沟通合作的顺畅，大幅提高政府内部的运作效率，节约行政资源。

以我国为例，总体来看，在进入网络时代后，我国政府的网络化、数字

化之路大体经历了 4 个阶段：第一阶段是“桌面设备、互联互通”阶段，第二阶段是“系统框架、线上运转”阶段，第三阶段是“整合集中、政务上云”阶段，第四阶段是“智慧政府、网络泛在”阶段。随着全球物联网、云计算、新一代移动宽带网络、系统集成技术等的迅速发展和深入应用，政府政务的信息化发展也正在酝酿着重大变革和新的突破，电子政务向更高阶段的数字政府的智慧化发展成为必然趋势。具体来说，这 4 个发展阶段的主要情况如下。

（1）“桌面设备、互联互通”阶段指从 20 世纪 80 年代初期到 2001 年以前的 20 年时间。这段时间是我国计算机行业的起步阶段，在政府层面，初期使用计算机协同处理政务业务，实现了计算机、打印机、投影仪等桌面设备的普及；后期随着技术不断发展，逐步在部门内部实现联网，达成了小范围的网络互联互通。这是我国政务领域网络化的初级阶段，为后续的进一步发展奠定了基础。

（2）“系统框架、线上运转”阶段指 2000 年后的第一个 10 年。在这个阶段，国家围绕“两网一站四库十二金”[1]，从顶层规划的高度，进行了国家级应用和系统的建设，形成了政府信息化的主要框架。与此同时，各级地方政府也规划建设了相当数量的应用系统，大力推动了政务网络的系统化。在这个阶段，政务工作网络化的主要特征是通过信息化手段，将政府管理事务进行数字化，为政府的运营效率和运营质量带来了很大的提升。

[1] 2002 年，我国重新规划了电子政务建设工作的重点，即“两网一站四库十二金”。“两网”是指政务内网和政务外网，“一站”是指政府门户网站，“四库”即建立人口、法人单位、空间地理和自然资源、宏观经济 4 个基础数据库，“十二金”是要重点推进办公业务资源系统等 12 个业务系统。

（3）“整合集中、政务上云”阶段指从“十二五”规划的开局之年 2011 年开始之后的 10 年。在这个阶段，网络空间技术和架构的不断发展变迁，给政务网络化带来新的方向，整体的发展模式以整合、集中为主。特别是从 2015 年开始，云计算、大数据等技术进入产业化阶段，为数字政务的集中化带来了更大契机。此后，“政务云”成为建设热点，随着政务云建设的不断完善，政务数据的集中化进一步加强，由此驱动了大数据平台和应用的发展。

（4）“智慧政府、网络泛在”阶段指的是从 2020 年开始，数字政务将进入所谓的“泛在”阶段。由于分布式数据库、微服务框架、大数据等平台的建立，应用的建设时间、成本、运维复杂度等都极大地降低，应用创新进入一个高速发展期，大量创新性应用的不断涌现，极大地方便和服务了民众和企业，这些应用反过来也会不断促进基础架构和有关技术的演进。

以上 4 个阶段勾勒出了在网络空间时代，我国政府适应网络化环境所走过的历程。2020 年，经国务院同意，国家发展和改革委员会、教育部、民政部、商务部、文化和旅游部、卫生健康委、体育总局联合印发《关于促进“互联网+社会服务”发展的意见》，提出推动社会服务网络化、智能化、多元化、协同化，更好惠及人民群众，助力新动能成长。这里所提倡的“互联网+社会服务”，就是在网络空间环境下，国家治理的典型的新手段，是加强和创新社会治理、推动社会治理的迫切需要。“适者生存”是一个普适法则，如何在新的科技浪潮带来的巨大变革中顺应变化、维持社会治理的稳定高效，是国家政府面临的考验。在网络空间环境下，各类新生事物层出不穷，新的社会现象应接不暇，对网络空间环境的治理成为社会治理的重要内容，甚至已经关乎社会和国家的稳定。

我国政府十分重视科学技术进步对政府管理带来的挑战。习近平总书记在第二届世界互联网大会上指出，“以互联网为代表的信息技术日新月异，引领了社会生产新变革，创造了人类生活新空间，拓展了国家治理新领域，极大提高了人类认识世界、改造世界的能力”。随着网络科技的不断进步和网络空间时代的来临，如何在网络空间环境下更好地治理国家，维护稳定与发展的基础，是网络时代国家政府需要面对的现实问题。网络空间环境给政府治理开拓出了更为公平开放的公共空间，促进了国家经济发展和治理，同时又反向形成对国家治理的有效监督，推动了国家治理的稳定。

随着人类文明的进步，现代国家治理追求的是开放多元和透明平等。网络的出现，恰好契合了这一需求，有效构建了开放平等的公共空间，助力政治模式从统治走向管理，最终走向治理和服务。随着民主理念深入人心，公开透明也成为现代治理的应有之义，民众有权获得与自己利益相关的政府政策的信息，有权参与公共政策的制定，有权评价公共政策、行政预算、公共开支等内容，而上述问题正涉及一个政府的透明度，甚至直接关系到政府决策的科学化、民主化和公正化。在当今社会，公共空间的治理需要利益相关者都参与其中，使公共管理取得最大社会认同。在传统社会环境下，利益相关者参与政治决策有诸多制约因素，普通民众是很难表达自己的政治诉求的，但网络的普及提供了一个新的环境。通过网络空间环境，政府部门可以有针对性地开设网上办事机构，信息发布、政策解读等都可通过网络办理，依法、及时、准确、充分实施信息公开，使经济社会政策透明、权力运行透明、工作流程透明。一方面，使政策制定者不得不考虑提出某项动议的合理性与公正性；另一方面，提升了参与者履行民主决策的道德责任，阻止政策制定的“黑箱操作”和“幕后交易”，为提高协商民主的公开透明奠定了坚实的技术基础。

总体来看，网络空间环境赋予了普通民众参政议政的便利条件，以及与政府公务人员平等对话的地位，使他们拥有更多的表达权和参与机遇，有效扩大了弱势群体在公共事务处理问题上的知情权、话语权，消除了现实空间环境界限造成的民众意志和利益在立法和公共政策的制定中不能充分体现和维护的弊端，极大地优化了国家治理的公正性与社会的和谐稳定。

图 2-1 所示为截至 2020 年 12 月经新浪网认证的中国政务机构微博数量。

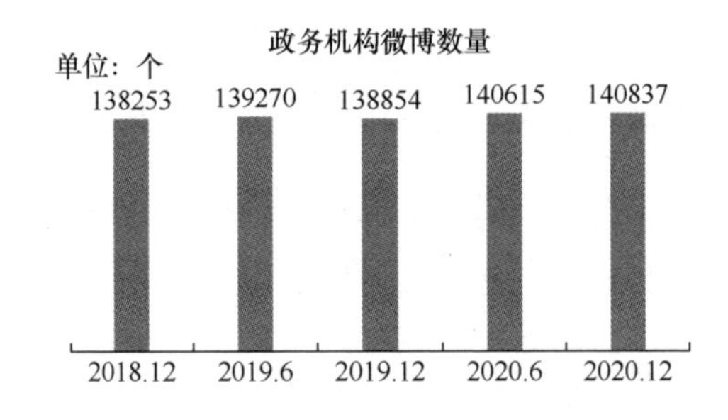

图 2-1　截至 2020 年 12 月经新浪网认证的中国政务机构微博数量[1]

然而，网络空间环境是一把双刃剑，在国家治理中它同样存在弊端。首

[1] 第 47 次《中国互联网络发展状况统计报告》[R/OL]. 中国网信网，2021.

先，网络的普及给了民众监督政府的便捷渠道，同时也考验着政府的治理能力。面对网络空间环境这个全新的治理空间，政府没有先前的经验可供借鉴，面对公众事件，政府需要快速应急反应，拿出行之有效的解决方案，否则，网络的优势之一——高效，可能大幅压缩政府处理突发公共事务的时间和空间，考验社会治理智慧与艺术。例如，近年来出现的“南京天价烟房产局局长事件”“张家港官太太团出国事件”“贫困县县委书记戴 52 万元名表事件”等，这些“网络群体性事件”在短时间内会有大量网民参与讨论，造成严重的舆论影响，甚至演变成现实社会中的不稳定因素。

所谓网络群体性事件，指的是在网络空间环境下，网民围绕某一主题，基于不同目的，以网络聚集的方式制造网络舆论，促发社会行动的传播过程，这一过程可以是自发的，也可以是受组织支配的，可能是有序、健康的，也可能是无序、不健康的，甚至是非法的[1]。一般来讲，有共同利益诉求的网民，通过网络串联、聚集、组织和呼应，为争取共同利益而使事件发酵，甚至发展成为危害社会公共安全的恶性事件，这是负面的群体性事件扰乱社会秩序、冲击社会稳定的消极影响，但也有部分网络群体性事件是网民通过网络媒介检举腐败、促进政府阳光公开执法的手段方法。这是网络空间作为政府执政监督职能的体现，对社会公平治理和发展进步起到了重要的推动作用。

网络群体性事件频发的原因可从三方面考虑：一是政府因素，二是民众因素，三是网络空间环境因素。从政府层面看，假如政府治理水平低下，没

[1] 杜骏飞. 网络群体事件的类型辨析[J]. 国际新闻界，2009.

有跟上网络空间时代的发展节奏，信息公共化程度低，缺乏与民众的沟通，政策规定出台草率，则极容易造成网上谣言四起。再加上网络具有传播速度快、传播范围广等特点，网民易产生心理恐慌和对抗情绪。值得注意的是，在一些网络群体事件中，充当舆论引导人员的往往是网络“大V”、知名博主等，而官方网络传媒影响力却有限，这从另一个侧面也证明了政府网络平台建设还有很大的提升空间。从网民层面看，一方面现实社会关系中存在的利益纠葛和矛盾难以避免，网络给了普通人发声的机会，因此，一些人将网络当成发泄出口，再加上网民的从众心理，极容易造成矛盾激化；另一方面，民众的法制意识和话语权意识不断提升，新兴的网络媒体正成为一个表达愿望、争取合法权益的重要平台，消减了常规渠道维权遇到障碍的问题，这也成为推动网络群体事件的一个因素。从网络空间环境层面看，同现实环境相比，网络空间环境赋予了信息快速传播、信息量大、开放性强的特点，因此，组织或形成网络群体性事件的时间成本和经济成本大大降低，而造成的影响却大大提高。与此同时，网络立法的不完善也大大增加了网络信息监管的难度，一些信息未经甄别就在网络空间散布开来，造成的负面影响往往难以补救。而对于一些恶意的信息传播、错综复杂或种类繁多的网络违法行为，由于治理的滞后，往往会出现“无章可循”的尴尬局面，这也在一定程度上助长了网络群体性事件的爆发。

习近平总书记指出：“网络空间同现实社会一样，既要提倡自由，也要保持秩序。”构建良好的网络空间环境秩序才能切实保障广大网民的合法权益。总体来看，网络群体性事件属于人民内部矛盾，而随着开放的网络空间环境日益打破沟通交流壁垒，一些敌对势力、分裂分子、恐怖及犯罪分子也将网络空间视为新的活动环境，利用网络的虚拟性和匿名性大肆组织非法舆论宣传甚至是恶意攻击，意在扰乱民心和破坏社会稳定。典型的例子就是2010－2012年席卷西亚北非的“阿拉伯之春”运动，一场国内事件被网络迅速传播，并受到国外敌对势力的刻意引导与推动，迅速演变为大规模政治动荡，波及埃及、利比亚、也门、叙利亚、约旦等十余个国家，造成严重后果。

“阿拉伯之春”运动的导火索是发生在突尼斯的自焚事件。在突尼斯的南部城市西迪布吉德，26岁的年轻人穆罕默德·布瓦吉吉因经济不景气无法找到工作，在经济重压下做小贩谋生，期间多次遭受当地警察的粗暴对待。2010年12月17日，在又一次与警察发生冲突后，郁闷绝望的穆罕默德·布瓦吉吉以自焚的方式发出最后的抗议，后不治身亡。布瓦吉吉之死博得了突尼斯普通大众的同情，而由于突尼斯长期以来的失业率高涨、物价上涨及政府腐败等潜在问题，民众对政府的怒火致使当地居民与突尼斯国民卫队发生激烈冲突，随后冲突蔓延到全国多处，形成全国范围内的大规模社会骚乱，并造成多人伤亡。在这个事件中，突尼斯民众利用网络实时直播与政府方面的对抗，反政府情绪在社交网络上迅速蔓延，而激烈的对抗局面又引发了国际媒体的广泛关注和报道，舆论压力致使突尼斯总统辞职，逃亡沙特。

突尼斯发生的政权更迭，如同多米诺骨牌倒下的第一张牌，在网络空间环境这个特殊的传播渠道和传播形式下，在阿拉伯世界形成一场规模空前的民众反政府运动。反对独裁统治的革命运动浪潮随后波及埃及、利比亚、也门、叙利亚、阿尔及利亚、苏丹、巴林、沙特阿拉伯、阿曼苏丹国、伊拉克、毛里塔尼亚、约旦、摩洛哥、科威特、黎巴嫩等一大批国家。截至2021年8月，此阿拉伯革命已经成功推翻了6个国家政权。除突尼斯外，埃及示威浪潮导致总统穆巴拉克在2011年2月11日宣布正式下台，将权力移交给军方，结束长达30年的统治；利比亚反对派成立全国过渡委员会，成功推翻卡扎菲政权，卡扎菲本人于2011年10月20日在苏尔特被杀；2012年2月27日，也门政治协议正式生效，总统萨利赫退位；2019年4月2日，阿尔及利亚总统布特弗利卡正式辞职；2019年4月11日，掌权长达30年的苏丹总统巴希尔被政变推翻。

“阿拉伯之春”运动造成了巨大的社会动荡和暴力冲突，而值得注意的是，这场自下而上的政治运动最初的发端正是依靠以互联网为基础的社交新媒体进行串联和宣传的。在整个运动过程中，以社交媒体为主阵地的网络空间环境发挥了组织对抗活动、宣泄不满情绪、激发抗争意识等重要作用。网络空间技术本来是一把不具备政治倾向的“双刃剑”，无论是从有利的一面来看，还是从弊端一面来看，网络空间环境对整个社会治理的影响已经不容忽视。随着网络的日益普及，移动终端的日益便捷，可以说网络空间环境无处不在，网络原住民越来越多，时时刻刻都在影响着国家和社会的稳定，考验着政府的治理能力。

2. 国际网络空间环境的塑造关乎国家利益

网络赋予了国际政治新的空间环境。互联网对国际政治的影响，是其内在本质和运行逻辑的外在表现。具体来说，作为信息媒介，网络空间环境可促使某些社会因素推动国际政治变革与演进；作为先进技术，网络空间环境可影响国家间政治关系的走向，网络技术将成为国家间争斗的新高地；作为人类生产生活的新空间环境和交互方式，网络空间使世界变成真正的“地球村”，使国际社会治理面临新的挑战。上述影响，正说明了网络空间影响国际政治发展演变的方式是独特的。作为一个广泛而便捷的沟通交流平台，网络空间事实上已经成为国际政治范畴中的一个变量，它以自身独特的方式渗透到国际政治各个行为体之中，从个人、国家和国际格局3个角度对国际关系治理产生影响，如图2-2所示。

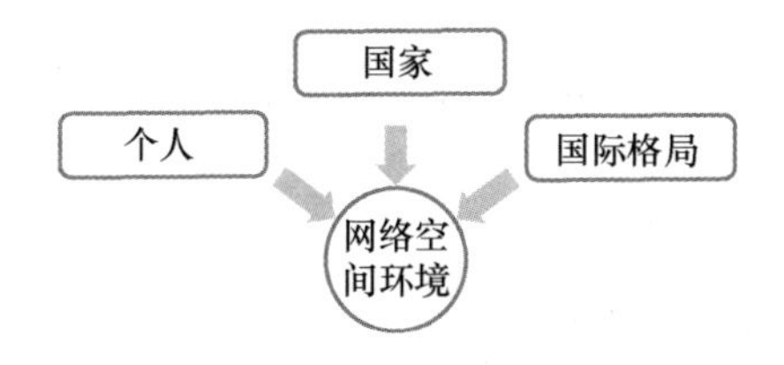

图2-2　国际网络空间环境从3个角度影响国际关系治理

（1）从个人角度看，网络技术的发展和网络空间环境的形成，已经深刻影响了个人的生活。从本质上来说，可归纳为对个人认知和心理的影响。例如，网络空间的多节点、无中心，不可避免地带来信息权威性的消失和信息碎片化的出现，这就使人们获得的信息和获得信息的渠道更加多元，由此形成的判断和价值观更加多样，因此，大众的认知更难达成一致性。由于人类天性中存在诸如怀疑、欺骗等劣根性，一些非理性甚至是反权威的认知经过包装之后反而更容易获得青睐与认可。也就是说，在网络空间环境下，人们放下了现实中的法规、权威、道德等的束缚，转而形成“乌合之众”的概率大大增加。与此同时，足不出户却日行万里的交流方式，使人们在心理上更加大胆、更加自我，一些激进情绪或看法更容易在网络空间中找到发泄出口，一些在现实中没有达到的影响力，可能在网络空间中达成。因此，个别偏激的人在网络空间发泄不满，个别网络“精神领袖”为一些受关注的事件摇旗呐喊，极端情况下甚至会演变为现实中的破坏行为。网络空间是人的特性与客观法则适用的另一个社会环境，它为个人建立了一个与公共交往的平台，在网络的影响下，人际交往的方式与广度急剧延展，人际传播的间接性被打破，人际互动突破时滞性，给“个人”这个行为体带来极大的影响。

（2）从国家角度看，网络空间环境可能对国家行为体的外交政策、政治文化形成影响。例如，国家制定外交政策，会根据政府类型、领导者与民众的分歧、国际环境、国家定位与国家利益等的发展变化而有所不同。在网络空间时代的初期，民众作为个人，是网络空间活动的主体，当国家行为体尝试着进入网络空间环境时，国家就作为一个主体，探索着在网络空间的形象建立问题，这就要求国家制度、法律和体制都需要遵守网络空间的规范，包括技术、设备及标准等。因此，在虚拟的网络空间中，国家仅仅以主权国家的身份出现，而非某种制度的国家行为体，这个变化非常重要，使网络空间环境成为国家间求同存异的重要平台。但随着国家行为体逐步适应网络空间环境，掌握更多的治理手段，则国家在现实社会中的治理理念和意志难免会投射到网络空间，特别是在政治领域的一些重要问题上，如关系到国家军事、外交与战略安全等问题，不同国家的治理理念大不相同，甚至产生冲突，极化趋势发展迅速，对整个网络空间的运行也构成一定的影响。当各个国家意识到网络空间环境成为未来国家治理的重点领域后，都开始从立法、制度、政策建设等一系列环节加强对网络空间环境的研究、规范和管理，这使不同国家的传统身份认同重新在网络空间环境下集聚。

（3）从国际格局角度看，国际政治的运行在现实社会中已经经过了长久的实践，有对抗冲突，也有妥协和解，在不断融合中，逐步建立了相对稳定的国际组织，如联合国、世界贸易组织等；也形成了运行相对顺畅的规则和体制，如《联合国海洋法公约》《关税与贸易总协定》等，使现实社会的运转有了相对的条理性。然而，网络空间作为一个虚拟的全球性社会，现实中的国际组织、政府等特定的角色，在网络空间这个"无政府"状态下的公域中是不存在的，而国际组织或政府之外的力量形成的影响却日益增大，借助互联网的瞬息传播，可以使国内问题国际化或国际问题国内化。与此同时，随着网络冲突和战争风险不断加大，网络空间成为陆海空天之后国际政治博弈的又一新高地。科技的发展将带给世界跨越式的发展，甚至助力某些国家实现"弯道超车"，改变国际格局。例如，工业革命给西方崛起带来机会的同时，导致了东方的衰落；核武器的出现，形成了东西方两极抗衡的局面。信息技术是否会在当前的世界舞台上带来国家间实力格局的改变，已经成为各个国家抢占信息技术高地的"初心"，至少在信息化的浪潮之中，没有国家甘愿落后。

网络空间环境从个人、国家和国际格局 3 个角度对现实社会的政治环境产生深刻影响，这些影响最终将体现在国家利益的选择上。当前的网络空间环境已经成为国家利益凝聚的新场所。网络技术作为一项科学技术是中性的，但网络一经被国家行为体使用，就超出了技术范畴，成为一种运作国际政治的工具，或者说是追求国家权力和国家利益的工具。因此，网络作为一种信息传播工具，国家将其利用好并发挥其有利的一面，必然能够扩大国家利益的空间范围，维护国家利益；与此同时，破坏他国的网络空间环境，使其失去使用网络空间利益的自由，必然将对他国造成损害。网络空间环境的治理与塑造，已经与国家利益息息相关。

二、经济领域：经济发展强劲新驱动

1. 从宏观角度看，网络空间环境已经成为当前经济活动的时代背景

经济活动是人类最基本的活动之一。在经济活动中，最为核心的就是交易。交易所需要的必要条件包括场所、信息、物流、资金等，这些要素获得或者使用的便利与否，直接影响经济的发展与效率的提升。环境，无论是地理环境还是社会环境，都是人类进行经济活动的背景和基础，而且环境与人类的经济活动是一个双向互动的过程。在这个过程中，人类经济活动随时随地都在影响、改变着环境，而环境则无时无刻不在制约或助力经济活动，这取决于经济活动层次的高低。一般来说，经济活动层次越低，越易受到自然环境特别是自然条件与资源的制约，例如，以种植、农耕和养殖为主要低层次经济活动，受土地、气候、降水等自然与资源条件影响较大；经济活动层次越高，越容易受到非自然环境的影响，例如，工业大生产形式的经济模式、资本主义背景下的金融市场等，受到社会制度、科技水平、国际关系等非自然环境因素的影响更大。可以说，人类是主宰经济活动的主体，环境是人类经济活动的舞台、背景和载体。

在大航海时代，海洋联系的不仅是亚欧两大洲，还联系了美洲、非洲等各个地区，极大地拓展了经济活动空间，形成全世界范围内的经济繁荣枢纽，

强力推动世界经济的发展，因此，航海对当时的经济活动的影响是巨大的。当时背景下的西班牙和葡萄牙“无敌舰队”，在连接世界的无边大洋上编织着全球贸易网络，一条条贯纵的航道，连接了全球不同的人种和物种，人们在这张大网之上交换资源、交换商品，谁的航海版图更广、空间更大，谁能连接的大陆和岛屿更多，谁就能得到更多的交易机会，从而获取更多的财富。英国海洋理论学者朱利安·科贝特在《海上战略的若干原则》一书中指出：“英国经济是以贸易为基础的，用于通信联络和开展贸易的海上通道对于英国的安全和繁荣极为重要。”在掌握了海上贸易主动权之后，英国逐渐替代西班牙和葡萄牙成为海上霸主，抓住了经济发展的机遇，在全球范围内建立殖民地，国力日渐强盛，逐渐缔造了“日不落帝国”。

当前，网络空间时代已经来临，这是科技推动全球化的进一步体现，也是时代环境给经济发展带来的新机遇，网络空间环境已经成为宏观经济发展的时代背景。从网络本身的性质来看，网络空间环境具有开放、共享及连接世界的功能，这与全球化时代的国际贸易和经济发展模式有很强的契合性，多种多样的资源，在网络空间环境下可以轻松实现优化配置，为全球范围的国际贸易发展和变革提供了新动力。可以说网络的出现，改变了传统国际贸易中获取信息和资源的方式，国际贸易的主体、贸易流程及贸易物品都随着网络应用的出现发生了相应的变化，大大节约了成本，提高了效率。随着网络不断渗透与扩张，经济活动所需要的交易场所、信息、物流和资金等要素，逐渐虚拟化、网络化。网络环境还能极大地加快上述要素的流动效率，而效率又是促进经济发展的重要因素。与此同时，经济活动对网络高度依赖，国际安全和繁荣也高度依赖网络这一贸易通道。可以说，网络空间环境作为当前经济活动的时代背景，已经成为开展经济活动必不可少的因素，谁先掌握网络空间并有效利用网络空间环境，谁就能掌握经济竞争的主动权。

网络空间环境成为当前开展经济活动的背景，对宏观经济的影响主要体现在两个方面：一是经济效率的提升，二是经济模式的创新。从效率来讲，在经济日益全球化的今天，网络空间极大地拓展了资源的配置方式，把全球不同地区的经济资源与需求进行更为精准的匹配，实现资源流动和高效利用。与此同时，网络还提供了信息转化为生产力的有效途径，通过信息网络，无论是商家还是用户，都能时实准确地了解世界经济发展背景、现状、需求和趋势，捕捉市场信息与动态，提高经济效益。具体到宏观的经济行业，现代网络经济和社会信息网络，以及制造业、分销、娱乐、教育和其他人类社会中的几乎所有经济活动，都在迅速向网络空间迁移甚至融入网络空间，依托这个环境，催生了更多的经济行业，构建起全新的发展和运行模式，推动了产业组织模式、服务模式和商业模式全面创新，并且加速了原有产业的转型升级。例如，众创、众筹、网络制造等无边界、人人参与、平台化、社会化的产业组织新模式，让全球各类创新要素资源得到有效适配和聚合优化，移动服务、精准营销、就近提供、个性定制、线上线下融合、跨境电商、智慧物流等服务，让供求信息得到及时有效的对接，按需定制、人人参与、体验制造、产销一体、协作分享等新商业模式，已经融入经济活动，全面变革产业运行模式，重塑产业发展方式。

从创新的角度讲，可以说，网络空间环境一方面给传统经济搭建了新的平台，另一方面也孕育了前所未有的新经济形式。网络经济兴起的本质，在于网络的创新性和共享性。无论是技术创新、服务迭代，还是业态升级、商业模式更新，网络空间环境都已经成为全球最为活跃的领域，同时互联网企业也正在成为全球经济创新驱动发展中最为活跃、最为强劲的动能源泉。可以预见的是，随着网络新技术的进一步更新和互联网行业的发展，如 5G 技术、人工智能技术、大数据技术、量子通信技术等的不断突破与发展，网络将继续引领全球经济发展的技术创新、业态创新、产品创新、市场创新和管理创新，网络空间环境将继续成为宏观经济发展的重要容纳空间。

2. 从微观角度看，网络经济已经渗透到个体经济活动的方方面面

在信息化、网络化的背景下，人们的生活已经不可能脱离网络而存在了。所谓网络经济，指的是建立在网络空间环境基础上的生产、分配、交换和消费的经济关系。网络经济以信息为基础，以计算机网络为依托，从狭义上讲，以生产、分配、交换和消费网络产品为主要内容；从广义上讲，则是“新瓶装旧酒”，以网络空间环境为平台开展的传统经济活动。

在网络经济中，生产、交换、分配、消费等经济活动，以及生产者、消费者、金融机构和政府职能部门等经济行为主体，都与信息网络密切相关，依靠网络进行决策，甚至许多交易行为直接在信息网络上进行。网络经济以信息、知识等非物质资源为主导，取代了过去以土地、资本、劳动力等物质资源为主导的经济发展模式，信息不对称的状况得到了实质性改善，为企业间的有效合作创造了条件。网络平台的出现，将作为经济行为主体的生产者和消费者在传统物理空间之外的信息网络空间中连接起来，使经济活动的主体与客体之间的交互性作用从物理空间环境转向网络空间环境，增加了“生产者—信息网络—消费者”这一全新的交互作用方式，打破了传统生产者与消费者的空间距离限制。网络经济一方面拓展了传统的经济空间，另一方面也丰富了传统经济空间的内容。网络经济与线下经济之间借势发展，使得“互联网+”成为现代经济发展的重要方式。所谓“互联网+”，实质上是“互联网+传统业态”，实现了互联网与传统行业的深度融合，创造出新的生产方式、盈利模式和就业机会。

从整体的经济发展角度说，网络空间环境对传统的经济模式和产业起到了革新改造作用，而对于个体而言，人们在生活中与经济相关的行为，已经离不开网络空间环境了。例如，传统的金融服务行业、出版教育、专卖店等，通过注入网络因素，传统的业务模式获得全新的提升，极大地提高了人们经济活动的便利性，刺激了经济。网络经济的快速发展改变了人们的消费模式，因为网络经济使广大消费者享受到越来越多物美价廉的商品和越来越优质的服务，购物不用到实体店，在计算机或者手机终端动动手指就能完成，非常方便；对于从业者来说，销售货物免去了实体店的房租，能以更为低廉的价格回馈用户，同时也刺激了人们的消费欲望，甚至催生了“双 11”“6·18”等网上购物节，极大地带动了人们的消费行为。

图 2-3 所示为 2016—2020 年我国网络购物用户规模及使用率统计。

与此同时，在一个经济体的运行中，随着网络的不断发展和网络空间环境适用场景的不断增多，对经济体的协作管理和服务职能也会产生重要影响并提出更高的要求。随着网络经济的发展和网络的不断覆盖，信息共享和资源共享应运而生，形成了一种新型的协作共享机制，对政府的经济管理职能也产生了重大影响，网络经济促进了政府政策改革，并对政府雇员提出了新要求，以提高政府决策和科学管理水平。网络经济还衍生出一系列新的产业，这些产业又创造出以往不曾存在的新行业和新的就业岗位。

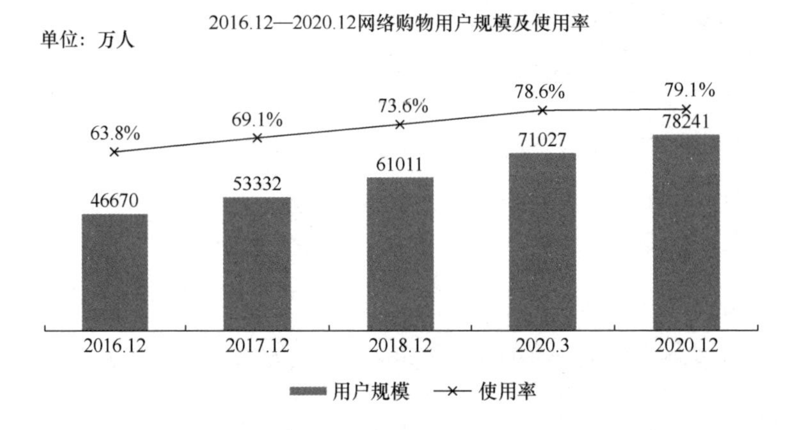

图 2-3　2016—2020 年我国网络购物用户规模及使用率统计[1]

[1] 中国互联网络发展状况统计报告[R/OL]. 中华人民共和国互联网信息办公室，2021.

三、文化领域：网络空间环境增进了融合也激化了冲突

文化的出现和发展离不开传播。从文化传播的媒介看，人类经历了语言媒介形态、文字媒介形态、印刷媒介形态、电子媒介形态，目前已经进入了网络媒介形态。互联网进入人们的生活后，在前期各种传播媒介的基础上，引发了文化传播史上的又一次革命，它不仅极大地提升了人们进行文化传播的深度和广度，使人们获得空间的自由和解放，还深刻影响了文化的内涵，对人们的思维方式、行为方式、社会交往方式、价值观念等都产生了深远影响。虽然网络产生距今不过 50 多年，但这一新的文化传播方式已经成为目前当之无愧的霸主，语言、文字都附着于网络空间，印刷媒体和传统电子媒体都已经被网络挤压了生存空间，成为文化传播的小众渠道。网络空间环境的全面覆盖，给人类文化产生了重大影响，这个影响又十分两极化。一方面促进了文化融合，将世界变成了“鸡犬之声相闻”的地球村，相隔万里的人们不再“老死不相往来”；另一方面，不同文明在网络空间环境中直接碰撞，产生矛盾的可能性也在急剧上升，甚至已经引发现实世界的冲突。

1. 网络空间环境增进了文化的理解与融合

网络空间环境已经成为人们交流合作的重要桥梁，让人与人之间的地理

距离不再成为沟通的障碍，文化的交流变得更加容易，无论是同一个文化圈还是不同的文化圈，网络空间都提供了平等、开放的释放环境，促进了相同文化的进一步认同，也增进了不同文化的相互理解，形成了前所未有的文化融合局面。

从相同的文化圈层来看，网络空间环境提供了文化传播和聚集的舞台，极大地促进了文化认同。“认同”一词来源于拉丁文，具有“相同”的意思。对认同的理解与追问，可以说是从“我是谁”开始的，将个体与社会结合在一起，逐渐形成一个互相认可的群体，在群体中存在共性的、相同的连接纽带，形成群体的归属感，进而表现出与认知一致的文化行为。文化的认同是人类群体形成认同的一个方面，并且是非常基础的一个方面，代表了长期以来一个群体对自我的认知和对世界的认识，是人们思想和价值观念趋同的历史过程，同时也是一些特定行为和活动的内在根本原因。文化认同是很多群体之所以成为一个群体的逻辑起点，是区别“我们”和“他们”的重要依据，具有很强的黏合性，它将人们分成了不同的文化圈层，每个圈层内部都形成了独特的文化。同时，文化依附于经济基础而存在，经济发展的不平衡必定带来文化发展的不平衡和强弱对比，这引发了一个问题，就是强势文化的扩散和文化认同的扩张。起初，人们缺乏沟通交流的渠道，可能终其一生都沉浸在自己所在的文化氛围中，没有机会接触和了解不同的文化圈。随着文化传播媒介的不断演化，沟通交流逐渐打破原来的圈层障碍，人们逐渐认识到，除了自己所在的文化圈，仍有不同的文化和群体的存在，而处于强势地位的文化必定影响处于弱势地位的文化，形成文化的传播，扩大认同圈。到了网络空间时代，网络信息传播的快捷便利为相同圈层文化聚集提供了良好的环境，其中的典型代表就是社交网络。

社交网络的兴起，正是网络空间促进文化认同的一个有力证据。近年来，从 Facebook、QQ、微信、MSN、YouTube 等大型社交渠道在全球社交网站中的受欢迎程度可以看出，网络空间环境支撑下的“虚拟圈层”在文化传播和聚集领域发挥的作用已是显而易见的。以 Meta 为例，它的网络结构简单，包括用户、内容、社会网络和工具 4 类，参与门槛很低，而用户参与度却很高，用户能够简便地发布、转发内容。根据“六度分隔理论”[1]，参与者的社交圈会通过朋友、朋友的朋友而不断扩大和重叠，并在最终形成更大的社交网络。在这个社交网络中，人们因为相同的兴趣爱好、观点理念聚集，可以根据爱好形成娱乐群组，可以根据教育经历形成学习群组，虽然存在地理距离，但在网络空间环境下却可以无障碍连接、互相影响，从而形成网络空间环境下的具有文化认同的虚拟圈层，促进文化的传播与融合。

从不同的文化圈层看，网络空间不仅给不同国家、区域、民族、种族和宗教的人群提供了广阔的交流空间，还促进了不同文化之间的融合。网络正在开启一个大连接时代，它将各个不同的文化理念聚集在网络空间环境下，一并推送到普通的参与者面前，使不同的文化不再距离遥远，而是成为可以随时随地体验的对象，它激发了人们的好奇和探索，在体验的过程中又加深了对其他文化的理解与认同，进而逐步将不同类型的文化与自身所处的文化圈层融合。

---

[1] Six Degrees of Separation，于 1967 年由哈佛大学的心理学教授 Stanley Milgram（1934—1984 年）创立，核心观点如下：一个人和任何一个陌生人之间所间隔的人不会超过 6 个，也就是说，最多通过 6 个人你就能够认识任何一个陌生人。

2. 网络空间环境激化了文化矛盾与冲突

所谓文化冲突，是指不同国家、民族、集体等自身形成了独有的价值目标和取向，通常对自身的文化或信仰抱有自豪感和优越意识，对外来的或异族的文化有抵触倾向。当不同的文化在传播中接触的时候，经常会产生竞争、对抗，甚至会引起战争，以“正义”的名义打着文化认同的旗帜企图消灭对方。文化冲突在现实社会中普遍存在。网络空间环境中的文化冲突是信息时代世界文化大交汇、大整合的真实写照，同时还因为网络空间环境的虚拟性，人们可以在网络空间内更加自由和大胆地表达意见。从这个角度来看，现实社会中的文化冲突不仅投射到网络空间，还大大降低了引起冲突的门槛。

人是社会性的存在，交流是人类的基本需求，人类交流最重要的体现就是思想的传播。随着时代的发展和技术的进步，信件、电报、电话等沟通手段进入人类生活，人类交流的障碍越来越小。到了网络时代，网络空间俨然成为世界范围内各种思想观念和文化交汇、交锋、融合的重要场所和平台，冲突与对立更是随处可见。

在国内，网络出现之前，人们的文化氛围主要来自所在地区的传统文化，它源自人们在实践活动中的长期积累，反映出了对现实世界由浅到深的认识过程，具有传承性。但网络文化作为一种新兴的文化形态，来源于人们在网络活动中的精神创造，缺乏历史积累，具有随意性，内涵通常较为浅显甚至流于庸俗，缺乏文化传承。从有利的一面看，网络文化打破了文化传播的束缚，营造起了共同参与、自主参与的文化氛围，降低了公众参与文化活动的门槛，并提供了广阔空间，更加凸显了个人因素和个性价值；从不利的一面看，网络文化导致了文化变异更迭过快，“文化快餐”在文字、声音、图像、视频等多种传播形态的共同作用下，变得零碎纷乱，缺少系统性。这两种文化的对立在网络空间中日益明显，网络文化的娱乐性、时尚性对传统文化的权威性和严肃性发出了挑战，已经成为文化冲突的一个重要因素。与此同时，主流文化和世俗文化在网络空间也是一个矛盾点。代表着国家利益的主流文化与代表着普通大众的世俗文化是两种普遍存在的形态。其中，主流文化反映的是主流意识形态、文化取向和价值观念，是严肃权威的，具有很强的导向性，是政府进行社会管理的软力量；世俗文化则注重通过多种形式来满足愉悦感，往往因追求个人利益而忽视责任意识。世俗文化以新媒体为传播载体，凭借更为灵活生动的表现形式、便捷快速的传播方式，成为网络中发展最为迅猛的文化力量，影响力日益增强，甚至形成与主流文化分庭抗礼的局面。值得注意的是，部分世俗文化产品为了迎合人们的逆反心理，通过吸引眼球来追求更大的经济利益，不惜对主流的意识形态和价值取向进行负面解读并加以嘲讽解构，甚至传播虚假负面的文化导向，加剧了主流文化与世俗文化的冲突。

国际上主要存在西方文化与非西方文化的冲突。互联网起源于美国，其在发展过程中体现了大量美国或者说西方的文化因素。随着网络技术的发展，西方国家凭借信息技术的领先地位，确立了文化传播的优势。网络中的西方文化一直属于强势文化，致使非西方文化处于不平等的弱势地位。随着全球一体化进程不断加快，互联网成为各种异质文化的公共交流空间和集散地，西方文化与以民族文化、边缘文化为代表的非西方文化进入了一个较为集中的冲突时期，而且冲突的规模和强度明显超过以往。其中，西方文化在网络空间中存在“先入为主”的霸权意识，认为自身是普世文化，所代表的价值观应该被广泛接受。同时，西方国家利用网络科技优势，通过网络空间平台大量输出文化产品，使得西方文化成为网络空间环境中绝对的强势文化，对非西方文化形成了压制和渗透。对于非西方文化而言，本土文化被弱化，久而久之，民族认同出现危机，甚至有被敌对势力渗透、颠覆的危险。因此，在网络空间环境中的西方与非西方文化之间的冲突，日益受到各国政府的重视，网络空间已经成为维护本国文化地位、占领舆论高地和维护国家利益的重要平台。

四、军事方面：网络空间成为国家安全的新边疆

1. 从斗争形式看，网络战成为现代战争的重要选择

科技的创新与突破最终带领人类实现了活动领域的巨大跨越，在军事领域，则充分体现在国家安全新边疆的拓展上，以及保卫国家安全手段的拓展上。当前，网络空间已经成为人类生存的新环境，网络的发展也带来了安全格局的深刻变化，网络空间环境成为国家安全与利益的延伸，是维护国家整体安全的“无形边疆”，网络空间的安全问题已经被提升到战略高度。随着国际格局的不断演变，大国竞争已经成为当前国际社会面临的最主要的战略形势。目前，网络空间日益成为大国拓展国家利益、输出意识形态和建立战略优势的载体，网络战已经成为现代战争的一个重要选项。

军事斗争是国家或政治集团之间为达到一定的政治、经济目的，以军事手段为主进行的斗争，这种斗争的最高形式就是战争。相应地，在网络空间环境内的军事斗争，是指国家或政治集团为达到一定军事目的或其他目的，以夺取制网络权为目标，采取以侦察、攻击、防御等形式为主要手段的对抗活动。

在信息时代，网络已成为社会的“神经中枢”，它无处不在，关系到政

治、经济、军事、交通、能源等各领域的运转。利用网络攻击造成对方网络系统瘫痪会大大削弱对方的行动能力。在战争期间，如果一方成功对敌方实施了此类网络攻击，则会获得一定的作战优势。网络空间有其自身特点，如人造性、超时空性、高技术性和隐蔽性等，因此，网络空间的斗争具备低成本、高效益、不受地域时空限制、平战结合等明显优势。有学者形象地表示，网络空间作战在几秒甚至更短时间内造成的破坏作用不亚于原子弹，甚至有人形象地比喻，“每一次敲击键盘，就等于击发一颗子弹；每一块 CPU，就是一架战略轰炸机”。与此同时，除针锋相对的网络战，国家的网络作战力量在确保自身网络空间环境安全外，还是战略威慑与制衡的新手段。基于网络战的巨大破坏力，各国在大力发展网络攻防力量的同时，还必须考虑网络攻击带来的灾难性后果，进而避免网络空间环境内的对抗溢出至现实世界，引发更难以控制的冲突。例如，网络强国虽然在技术、武器、人才等方面具有较大的优势，可以凭借其优势实施网络封锁、压制和打击，强势推行其政治主张与价值观念，但一般情况下其自身信息化程度高，对网络空间的依赖性也更高，为网络弱国提供了非对称优势，从而在网络斗争中赢得制衡新机会和契机。网络空间对抗的种种优势，以及网络空间环境的日益覆盖，无论是从客观上还是主观上，都将网络战推到了战争的前沿，在未来的冲突中，网络战必将成为重要选项。

2. 从组织架构看，各国纷纷组建网络空间部队

当前，全球网络强国纷纷在网络空间“抢滩登陆”，布局自身的网络安全战略，建设网络空间作战力量，网络空间的对抗日益军事化，网络空间可能成为未来战争打响第一枪的地方。然而，网络空间的虚拟性、敏感性和非

对称性等独有特点，以及缺乏共识、规则，使得网络空间安全治理面临着极大的困境，基本处于“野蛮生长、无序竞争”的时代。

网络空间环境下的对抗介于“战争与和平”之间，是在当前大国竞争背景下，保持战略威慑、对外施加影响的同时又能有效管控局势、避免直接碰撞的有效手段。因此，世界各国都在不断完善本国网络安全战略和作战力量，以适应网络安全的现实需求。从世界范围来看，**美国**是互联网的发明者，也是当前网络技术、产品、服务和政策的领跑者，更是网络空间军事化的始作俑者，其利用先进的网络技术和装备优势，谋求互联网霸权。早在 1991 年的海湾战争中，美军就已经将信息和网络对抗纳入作战范畴，随后，美陆海空三军信息中心、计算机网络防御联队、计算机网络办公室等机构陆续成立，并创建了各军种网络部队。为使网络空间战略更好地贯彻落实，更好地指导协调网络空间行动，完善网络部队建制并统一管理和调度，美国国防部于 2009 年正式成立负责军事网络电磁空间行动的联合司令部——网络司令部，其主要负责指导美国国防部信息网络的运行和防护，负责计划、整合和同步网络空间行动，确保美军在网络空间的行动自由。网络司令部的成立，代表美军将网络空间对抗升级为国家行动，是其军事霸权从现实环境向网络空间环境的延伸，同时美军的网络部队发展和作战能力也进入了快车道。至此，美军网络司令部由四大军种司令部，直接对接战区司令部，通过垂直协作模式及“网络作战——联合计划分队”协作，构建了美国网络司令部的复合式指挥控制链，最大限度发挥网络作战部队的力量。**日本**在国际政治格局中地位重要，其国家安全战略以日美同盟为基石，并延伸至网络空间，网络空间甚至成为日本谋求国家正常化的另一表现平台。日本的网络空间安全战略经历了由单纯防御、被动保障的模式，向积极防御、进取扩张模式的转变。日本在2018年成立了“天网电司令部”，统管太空、网络空间和电子战部队。日本的网络空间作战力量包括“一明一暗、一攻一防”两大部队，其中，网络防卫处是在明处，主管进攻的网络力量；信号情报局是在暗处，主管网络防御的力量。除美日外，**俄罗斯**是当前大国竞争中的重要一方，其拥有较强大的网络空间作战力量和严格的保密意识，且实战经验丰富，已经于2017年宣布组建信息作战部队，主要职能包括对网络作战行动进行集中统一管理，保护俄军用网络和节点、军事指挥系统和通信系统免受黑客攻击，确保实现可靠的信息传递通道，检验俄军网络能力，拓展其在网络空间的行动能力，同时抵抗西方在网络空间领域的心理和舆论宣传与渗透。

3. 从现实情况看，网络战已悄然进入实战

各国军事建设与斗争已经不可避免地延伸到网络空间，网络空间已经成为提升各国军队作战能力的“倍增器”，网络空间作战也逐步走向真正的战争，成为一种重要的作战样式。美俄等大国已经多次付诸实践，以下为几个具有代表性的战例。

（1）海湾战争。海湾战争是20世纪90年代网络空间作战手段首次参与实战并取得关键胜利的代表性事件。战前，美军得知伊拉克从法国购买了一批用于国土防空系统的打印机，将通过安曼运回国内。美派遣特工将含有病毒程序的芯片与原有芯片调包，使病毒侵入伊拉克的整个防空系统。战时，美通过自控和遥控方式将病毒激活，使计算机程序中毒瘫痪，导致伊拉克中

毒的计算机系统出现了电报误传、网络失控等现象，进而导致伊拉克防空系统的作战效能无法正常发挥，整个防空系统形同虚设。

（2）俄格冲突。俄格冲突是网络空间作战与其他军事行动紧密配合的典型案例。2008 年，俄罗斯在出兵格鲁吉亚之前，先对其发起了 DDoS 攻击，主要由僵尸网络实施，重点攻击政府和媒体网站，或者篡改公共网站的数据，发布虚假信息或抹黑政治领导人，致使格政府网站瘫痪。随后在俄军出兵时，第二阶段的大规模网攻同时展开，格方的交通、通信、媒体和银行的站点被攻击，与外界的联系也被切断，直接影响了格战争动员与作战支援能力，使其国内民众产生了巨大的心理挫败感和恐慌，对格方的军事行动造成了极大的消极影响。

（3）“震网”事件。“震网”事件是首次实现网络空间环境内的攻击向实体空间的作战效果溢出的案例。2011 年 1 月 16 日，美国《纽约时报》指出，美国和以色列联合研制的“震网”病毒，于 2010 年 7 月成功袭击了伊朗核设施。“震网”病毒通过 U 盘和局域网进行传播，通过一套完整的入侵和传播流程，突破了工业专用局域网的物理限制，入侵到伊朗核设施的数据采集与监控系统，并通过控制变频器改变了离心机的转速，最终破坏了伊朗纳坦兹核燃料浓缩工厂的约 1000 台离心机，成为首次由网络病毒直接破坏实体空间基础设施的著名案例。

第三章

网络空间环境的特点与构成

3

网络空间环境可以理解为现实环境的延伸与映射，但并非简单的同维度扩展。从范围上来说，网络空间环境既独立于陆、海、空、天这些自然的物理空间环境，又存在于其中，覆盖于其上，并且把分散在陆、海、空、天场域的相对独立的信息系统联系起来，成为一个人为制造的、人为参与的、能影响人类社会的新型空间环境，可以理解为物质意义上的“第五空间”，人类生存的“第三环境”。网络日益深入人类生活的方方面面，逐步对世界产生了重要的影响，在网络时代背景下，人们对网络空间的研究需求也日益迫切。

一、网络空间环境的特点：与现实空间和真实环境的对照

1．从物质基础看，网络空间环境具有人造性

提到网络空间环境，人们的第一反应是它的虚拟性，认为它“看不见、摸不着”，是一个存在于虚幻世界的空间环境，但事实上网络空间是实体空间的映射，并非虚幻的，它是真实存在的环境。网络空间环境的人造性主要体现在其自然属性上。传统的自然空间环境一般可以分为陆地、海洋、天空和太空，每个空间都有其存在的客观物质基础。陆地空间环境包括地球表面的地貌、土壤、植被、水系等；海洋空间环境包括海洋的自然地理条件及海水温度、盐度和密度，以及海洋的电磁特性、声学特性和动力环境等。上述空间环境是客观存在的，可以直接被人们的感官感受和认知，或者可以直接通过工具度量，是实体的环境。

与传统实体环境中天然存在的河流、山川、植被、建筑等要素不同，网络空间并非天然存在的环境，而是随着科技发展和需求，被人为创造出来的空间，具有突出的人造属性，是一个物质与虚拟相结合、有形与无形相结合的人造空间。网络空间环境的物质基础是网络空间赖以存在的各类硬件设施，可以理解为承载信号、数据、信息等各种载荷的载体，在这些载体之上，通过人为的操作和信息的流动，形成网络空间。

简单来说，将分散的多台计算机、终端和外部设备用通信线路以有线或无线的方式互联起来，实现相互通信、资源共享，就基本构成了一个简单的网络空间环境。从最基础的分类看，构成网络空间环境的硬件基础，一般由5部分构成，包括网络核心、传输介质、工作站、连接硬件和外接设施。

（1）网络核心指的是配备了高性能CPU系统的计算机，它是一个网络空间环境的核心，负责管理整个网络空间环境下的活动，同时提供各类必需的资源和服务。1946年2月14日，美国宾夕法尼亚大学诞生了世界上第一台计算机——埃尼阿克（ENIAC），它由18000多个电子管组成，重达30多吨，占地面积足有两三间教室大，如图3-1所示。目前，经过充分的技术更新迭代，计算机技术已经非常先进成熟，例如，我国的“神威·太湖之光”超级计算机运算速度峰值达每秒12.5亿亿次，量子计算机也呼之欲出。作为网络空间环境的核心资源与服务的提供者，网络核心计算设备未来将为我们构建更为便捷高效的网络，处理更为复杂多变的数据信息。

图3-1 世界上第一台计算机[1]

[1] 图片来源于互联网。

（2）传输介质是通信网络中发送方和接收方之间的物理通路，如局域网中用来连接服务器和工作站的电缆线。目前，传输介质有两类：有线传输介质，包括双绞线电缆、同轴电缆和光纤等；无线传输介质，包括微波、红外线、激光，此外还有卫星传输等无线传输方式。

① 在有线传输介质中，**双绞线电缆**是将一对以上的双绞线封装在一个绝缘外套中，为了保证信息传输质量和降低受干扰程度，电缆中的每对双绞线一般是由两根绝缘铜导线相互扭绕而成的。双绞线分为非屏蔽双绞线和屏蔽双绞线两种，一般用于星形网的布线连接，两端安装有 RJ-45 水晶头，连接网卡与集线器，最大网线长度为 100m，如果要加大网络覆盖的范围，在两段双绞线之间可安装中继器，最多可安装 4 个中继器，如安装 4 个中继器连 5 个网段，最大传输范围可达 500m。**同轴电缆**是由一根空心的外圆柱导体和一根位于中心轴线的内导线组成的，外导体和内导线同轴，因此称为同轴电缆。内导线和圆柱导体及外界之间用绝缘材料隔开。同轴电缆按直径的不同可分为粗缆和细缆两种，其中粗缆传输距离长、传输性能好，但成本高，安装和维护比较困难，一般用于大型网络干线；细缆则安装容易、造价较低，但日常维护不方便，一旦一个用户出故障，便会影响其他用户的正常工作。同时，根据传输频带的不同，同轴电缆还可分为基带同轴电缆和宽带同轴电缆两种类型，基带电缆是专门用作传输数字信号的电缆，同一时间内只能传输一种信号；宽带电缆则可传送不同频率的信号。**光纤**利用光学原理，将电子信号转换为光信号，再将光信号导入光纤来传输信息。在传输起点和末端，分别有光发送机产生光束、光接收机接收光信号，并进行解码处理。光纤由极为纤细的光导纤维组成，与其他传输介质相比，光纤传输具有绝缘性能好、

信号衰减小、频带宽、传输速度快、传输距离大等优势，主要用在传输距离较长、布线条件特殊的主干网上。

② 在无线传输介质中，**微波**指频率范围为 300MHz~3THz 的电磁波，微波通信是指使用微波作为载波，携带信息，进行中继通信的方式。人类使用微波进行信息传输的历史较为久远。早在 1931 年，人类就建立了第一条从英国多佛尔到法国加莱的超短波通信线路，横跨了英吉利海峡。“二战”之后，微波通信获得了迅速发展和广泛应用。当前，虽然在网络传输中有线传输方式占据了主导地位，但是在特殊场景下，微波通信方式仍能发挥独特作用，如有线传输网络遭到破坏、布设有线传输网络难度太大或成本过高等情况，微波通信就可以发挥不可替代的作用。一般来说，微波传输设备包括室内设备、室外设备、中频电缆、天线等。其中室内设备负责完成业务接入、复分接和调制解调，在室内将业务信号转换成中频模拟信号；室外设备负责完成信号的变频和放大；天线则是将射频信号转换成电磁波，向空中进行辐射，或者接收电磁波，转换成射频信号。

（3）工作站本质上是一个通过网络接口卡接到网络上的个人智能型终端计算机，它既可以作为独立的个人计算机为用户服务，又可以按照被授予的一定权限访问服务器，其中主功能就是从文件服务器取出程序和数据后，在本站进行处理，并享受网络上提供的各种服务。工作站根据软、硬件平台的不同，一般分为 UNIX 系统工作站和基于 Windows、Intel 的 PC 工作站。其中，UNIX 工作站基于 RISC（精简指令系统）架构，是一种高性能的专业工作站，具有功能强大且专业的处理器，一般处理专业领域的业务工作。

（4）连接硬件主要包括网络接口卡（网卡）、集线器、中继器、调制解调器等。网卡是允许计算机在网络上进行通信的网络连接硬件设备，它使用户可以通过电缆或无线方式相互连接，是主机与介质之间的桥梁设备，实现主机与介质之间的电信号匹配，提供数据缓冲能力。集线器的英文是Hub，也就是“中心”的意思，其主要功能是对接收到的信号进行再生、整理和放大，以扩大网络的传输距离，同时把所有节点集中在以它为中心的节点上。集线器属于网络空间环境中的基础设备。中继器的主要功能是扩大网络范围，在两个节点的物理层上按位传递信息，完成信号的复制、调整和放大，是连接网络线路的一种装置。调制解调器就是通常所说的“猫”，它负责把计算机的数字信号转换成模拟信号，而这些模拟信号又可被网络传输介质另一端的另一个调制解调器接收，并译成计算机可懂的语言，从而完成两台计算机间的通信。

（5）打印机、扫描仪、绘图仪及其他任何可为工作站共享的设备，都属于外接设施。

上述设备构成了一个基础的计算机网络，为网络空间环境提供了所依存的物质基础，而这些设备和线路，都是人为设计制造而成的，它凸显了网络空间环境的人造性，以及其客观存在的真实性。同时，因为网络空间环境的人造性，它与实体的环境有了很大的不同，除了一些相对固定、难以改变的载体，如光缆、基站等硬件，人为操作和信息流动而形成的虚拟环境不再是一个保持不变的物理环境，而是具有高度可塑造性，可随人类需求进行更新、更改、突变和重置的人造环境。

2. 从存在形式看，网络空间环境具有超时空性

任何一个物质或者行为，都必然有一个固定的空间和时间维度。其中，空间代表的是物质或者行为存在的广延性，或通俗理解为地理位置；时间代表物质或行为过程的顺序性和持续性。时间、空间和物质是不可分割的，没有脱离物质运动的时空，也没有不在时空中运动的物质，而且时空和物质也都是现实存在的，空间和时间是对物质行为的描述角度，同时也是其存在基础。传统意义上的环境，与空间和时间维度高度相关。例如，在某一项实践活动中，一个环境确定后，这个环境则必然存在于一个确定的物理空间中，而这项活动，也在这一空间和时间之中进行。正如古希腊哲学家赫拉克利特的名言，"人不能两次踏进同一条河流"，在一定意义上也解释了现实空间环境在时空维度上的唯一性。

但网络空间则不同，由于网络空间的虚拟性，网络空间环境的存在形式并不是物质的，而是提供了一个物质（信息或者数据）或者行为存在的虚构场景，与实体空间环境有本质上的不同。从时空维度上看，它无质无量，无法触摸，无法进入，但又真实存在。从空间维度上看，它通达无界、远近无差，物理距离消失，中心节点弱化，可将网络延伸到任何作为实践活动的空间环境。因此，我们可以在任何需要的时间点或时间段，人为构建出一个可以提供实践活动的网络空间环境，并在这个环境下进行实践活动。由此，对于传统空间环境来讲十分关键的时空要素则出现了巨大的改变，一项在网络空间环境内进行的实践活动，可以实现超越时空的搭建，从而摆脱现实空间环境的约束。

网络空间环境超越了现实空间环境的维度，在某种意义上具有多维性。通过前面的介绍，我们知道，构成网络空间环境的基础是各种提供资源、服务和连接的计算机设备，它们都有自己所在的地理位置，假如将这些具有地理属性的基础设备作为一个个节点，绘制一幅巨大的拓扑地图，那么可以说这代表了网络空间环境的一个空间维度。但现实中网络空间环境还有更多的内容，例如，将现实世界，也就是三维空间中的长度、宽度和高度替换为度量信息或者数据特征的深度或厚度，用来显示网络空间中信息存储的密度、信息内容的分层、信息传输的速度等，相当于将网络空间初步可视化。由于数据或信息的多源异构、海量复杂，网络空间环境的维度几乎可以自定义，可以按逻辑需求进行维度的叠加。

与现实空间环境相比，网络空间可以说是在时空层面进行了“压缩”。在现实空间，衡量两地的距离，并非只有绝对的距离数值，连接两地的交通工具也十分重要。例如，在古代，交通工具还不发达，人类航海绕地球一圈，需要几年甚至更长的时间，而有了飞机之后，绕地球一周只需要几十个小时。虽然空间距离没有变，但在更便捷的交通工具的协助下，环境似乎变狭窄了。同样，在由光纤、电缆连通起来的网络世界，信息从地球一端到另一端，基本实现了实时共享，时延只有毫秒级，比人类最快的飞行器都要快数十万倍。那么，在网络空间环境下，地球的体积、地球上人们的距离似乎变小了，特别是实时交互的视频系统、人工智能的模拟和复现技术，使远隔天边的人如近在眼前，这在某种意义上实现了“时空穿越”的效果。

但值得注意的是，网络空间环境虽然体现出虚拟特性，但“虚拟”并非

“虚无”，网络空间环境仍然是客观存在的。正因为网络空间环境客观存在且无处不在，网络空间内的实践活动才可能随时随地发生，体现其不受时间和空间限制的“超时空性”。

3．从运用模式看，网络空间环境具有高技术性

在传统意义上的空间环境中，相同或类似的环境要素的作用、价值总体上差别不大。例如，在战争中，地形因素是一个重要的环境因素，对作战行动的影响主要体现在对部队机动性的影响，对侦察、射击的影响，对隐蔽、伪装的影响，对武器性能、工事构筑的影响，以及对防化袭击的影响等几个方面，军事对抗双方对地形因素的利用，基本上也是从上述几个角度出发，谋求己方优势，同时压制敌方优势。在网络空间环境中的战争，具有鲜明的高科技属性，是一种“不见人”“不见面”的高技术对抗。对网络空间环境而言，各方对网络架构的总体设计、科学运用、攻防手段等，依一方综合科技水平发展的不同表现出巨大差异。不仅如此，随着网络的不断普及，这种差距体现在更多的方面，甚至强国与弱国之间正在形成“数字鸿沟”，这同时也构成了网络空间时代的全球问题。

最早提出这一问题的人是美国著名未来学家托夫勒。1990 年，托夫勒在其出版的《权力的转移》一书中提出，网络科技的发展不断给世界带来改变与冲击，人与人之间、国与国之间因为在信息和电子技术的认知与使用上的差距，造成了“信息富人”“信息穷人”“信息鸿沟”的出现，这进一步促使人们在网络空间中的两极分化。1999 年，美国国家远程通信和信息管理局（NTIA）发表报告《在网络中落伍：定义数字鸿沟》，正式将这

一概念提出，并着手研究与解决由此带来的问题。报告指出，数字鸿沟（Digital Divide）指的是拥有信息工具的人与那些未曾拥有者之间存在的鸿沟。换句话说，数字鸿沟指的是随着新兴科技的不断出现，有人抓住了这个新的生产工具，而有些人并没有这样的条件，新的数字落差也随之出现在不同的个体和群体之间。总体上看，数字鸿沟可能出现在年轻人与老年人之间、新兴高科技特别是网络技术从业者和传统行业从业者之间、城市和乡村之间、发达国家和落后国家之间。因为在信息时代，由于不同的国家、地区、行业的人群之间对信息、网络技术的应用程度不同，那些拥有较多数字技术和工具的个体、家庭、商业组织、地区和国家，与较少或未曾拥有数字技术和工具者之间，存在知识的落差、应用程度的不同及创新能力的差别，这就是数字鸿沟。

在生活中，网络空间环境并未像现实环境一样表现出强大的包容性，相反，它为一些不具备计算机或者网络信息技术的人设置了一定的门槛。2020 年 11 月 21 日，一则视频在网络上传播后引起网友的广泛讨论。视频中，一位老人在家人的陪同下来到银行办理社保卡相关业务，但因自助系统需要进行人脸识别，家人只好将老人抱起来完成操作，人脸识别所需时间并不长，但从老人弯曲的膝盖和撑在柜机上的双手可以看出，过程体验并不舒适。不仅如此，类似于网络购物、网上预约挂号、手机移动支付、新冠肺炎疫情期间凭健康码通行等，在网络时代，这些操作已经逐渐取代了传统的模式，但当大多数人可以享受科技创新带来的智慧生活便利之时，相当一部分老年人面对的却是“数字鸿沟”的尴尬。造成数字鸿沟的主要因素可能包括知识储备差异、社交范围差异等，但网络空间的技术门槛，是造成这一障碍的最主要因素。

互联网的快速发展，使网络空间环境成为各国政治、军事、经济、文化、社会的承载平台，不同国家和地区的网络技术发展程度极其不均衡，加之当前缺乏相应的治理规范，这就必然导致在网络空间的竞争中形成了“丛林法则”，形成国家间的“数字鸿沟”。2021 年 6 月 28 日 ，英国智库国际战略研究所（IISS）发布的报告《网络能力和国家实力：净评估》指出，如果从国际竞争、经济实力和军事事务 3 个维度观察，美国是唯一一个在网络空间军民两用领域具有重要全球影响力的国家，属于网络空间环境实力的第一梯队，在信息和通信技术方面保持明显优于其他国家的绝对优势，但还达不到垄断地位；处于第二梯队的国家有 7 个，包括被美国认为是主要竞争对手的中国和俄罗斯，以及美国的 5 个盟友国家，分别是澳大利亚、加拿大、英国、法国和以色列；处于第三梯队的国家有 7 个，分别是印度、伊朗、朝鲜、印度尼西亚、日本、马来西亚和越南。

“数字鸿沟”是信息时代的全球问题。它不仅是一个国家内部不同人群对信息、技术拥有程度、应用程度和创新能力差异造成的社会分化问题，而且还逐渐演变成为全球信息化进程中不同国家因信息产业、信息经济发展程度不同所造成的信息时代的巨大差距，如同现实社会中的“南北差距”一样，“数字鸿沟”的实质也体现了信息时代的社会公正问题，它存在的根本原因，往往是对核心技术的掌握权的差距。由于信息产业在经济、国防、安全领域具有极其重要的战略地位，并由此延伸到现实社会，因此，对信息产业的掌握造成了不同国家在网络空间环境下的实力差距。与此同时，网络空间的技术是不断发展变化的，随着技术的发展，构成网络空间环境的要素，不管是网络硬件还是软件的升级与更新，都加速了信息网络基础设施的不断升级迭代，网络空间环境无时无刻不处于动态竞争之中，弱者恒弱、强者更强的“马太效应”日益明显，主要体现在信息技术与传统产业融合基础上产生的生产能力差异，其将对国家间产业竞争力和世界经济发展格局分化产生实质性和长远性影响。

4. 从行为主体看，网络空间环境具有隐蔽性

在传统的实体空间环境中，进行实践活动的主体是清晰可知的。例如，一个人在房间打扫卫生，空间环境、行为主体和实践活动都一目了然，而且行为活动一般是以线性方式展开的，整个活动过程是可观测和量化的。但在网络空间活动中，行为的主体或者机构，其地理位置、来源、身份、行动目标都难以辨认，具有很强的隐蔽性。我们知道，在现实客观存在的自然环境中，由于人的参与，社会环境逐渐产生。而人类活动参与到网络空间，使网络空间具备了人类社会环境的特点。网络空间环境的特殊性还在于，除真正的人类外，一些设备、软件、网站、机器人等，都是可以生产信息的主体，在网络空间环境中都可以充当“人”这一角色。这些角色在网络空间环境中是主体，与现实社会中的人之间是有联系的，这种联系可能是直接的，也可能是映射、间接的关系。网络世界有一句名言，“你永远不知道与你在网上交流的是一个人还是一条狗”，这深刻说明了在网络空间环境中行为主体的隐蔽性。

近年来，网络安全问题已经日益挑战着网络给生活带来的便利，而造成

网络安全事件频繁发生的一个重要原因，就是网络空间环境的隐蔽性，它为一些非良性的行为主体提供了很好的掩护，给网络空间环境的治理带来巨大的挑战。例如，在生活中，一些犯罪分子利用网络空间环境的隐蔽性，开展各类非法网络活动牟利，也就是我们所说的“网络黑产”。所谓“网络黑产”，是指在互联网上通过非正当途径和非正当手段获得产业或经济等方面的利益。网络黑产形式主要有网络诈骗、网络色情、网络赌博和侵害个体数据权益等形成的黑色产业。其中，网络诈骗是在生活中最常见的形式，它屡禁不绝并呈泛滥之势的重要原因之一是社交媒体的快速发展。社交媒体不仅不断聚集了诈骗者的目标人群，同时提供了多种服务，特别是便捷的支付服务，为网络诈骗手法的不断翻新创造了条件。例如，近年来在网络上十分火爆的直播和短视频服务陆续出现了网络诈骗现象，这类平台上实施的网络诈骗多以色情或其他低俗内容为噱头，在成功吸引用户关注后，通过引流、分流等方式，将用户拉入私人聊天空间或其他平台，分步实施诈骗。目前，网络诈骗因为案例多发已经引起了社会的警觉，各大互联网平台启动各类措施遏制黑灰产行为。例如，抖音针对黑灰产行为开发的风控策略模型，能够基于行为特征、物理特征、内容特征等信息主动识别与拦截黑灰产行为。此外，个人数据受到侵害与恶意泄露，也是当前网络空间面临的重要挑战。一般来说，网络信息泄露源头通常有 3 种，第一种是专门的黑客利用互联网应用或者数据服务商的漏洞，通过非法手段入侵数据库，窃取大量公民的个人数据，而后将数据销售给数据黑中介；第二种是掌握公民数据的企业内部人员为获取利益，利用职务便利，违反职业操守，将信息出售给黑中介或其他非法买家，经过验证与清洗后，根据需要将数据销售给包括从事网络诈骗在内的非法公司和从业人员；第三种是通过合法手段获取个人数据，如合法注册、经营的互联网公司从事窃取个人数据的业务，并从这些个体隐私数据当中谋求不当利益。例如，有的互联网公司通过控制大量网民的账号，一方面持续给自己在多个社交平台的账号矩阵增加大量粉丝；另一方面还对外承接刷量、吸粉、排位等非法业务。

图 3-2 所示为个人数据受侵害流程。

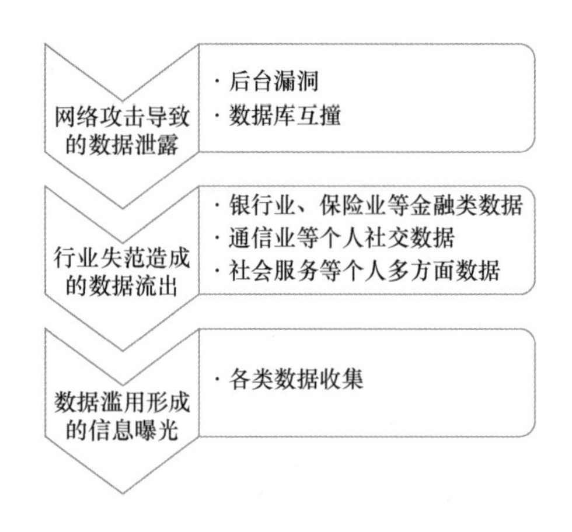

图 3-2　个人数据受侵害流程

在现实社会中，也会有涉及黑灰产的违法犯罪行为，犯罪嫌疑人多多少少会在实施犯罪行为的过程中留下可以追踪的物理痕迹，但在网络空间环境下，信息技术的发展和应用使犯罪行为更加具有迷惑性和隐蔽性。一方面，网络行为的主体已经不再是面对面可以直接接触的人，而是隐藏在网络世界里的陌生人，甚至是人为操控的工具，身份难以追寻；另一方面，网络主体的行为借助互联网技术，可在达成不见面的非法交易后突然“失踪断联”，其实施违法行为的证据链条被切断，难以溯源追踪。这些特点与网络空间环境的隐蔽性有重要关联。

5. 从跨域互联角度看，网络空间环境具有外溢性

网络空间与现实空间相互交融，人类进入具有“跨域”性质的生活环境，这是信息时代生产力和生产方式的典型反映。尽管网络空间的虚拟性是其一大特点，但随着网络与人类生产生活关联日益密切，网络空间真实的一面反而日益凸显，也正体现了网络空间向现实空间的外溢。从虚实映射的角度来看，可以说目前任何一种具体的网络空间，其表现形式无一不是针对某一现实社会的投影。有了物理的、现实的空间环境，才会有相对应的网络虚拟空间环境。换句话说，当前我们生存的环境包括实体与虚拟两个空间，人们在社会环境中的实践活动可以归纳为虚—实、实—虚—实两种形式，但最终仍要形成对实体环境的影响。

当前，物联网的发展是网络空间与现实空间相互融合、相互作用的跨域典型代表，也是网络科技发展的一个重点方向。物联网（Internet of Things，IoT）的概念最早由美国麻省理工学院于 1999 年提出，当时网络领域的专家学者对物联网的定义更倾向于传感器的概念，强调“覆盖万物、自动识别和互联共享”。物联网概念的提出时间还不算长，仅 20 余年，目前并没有一个严谨科学的定义，且随着物联网技术的快速迭代，其概念内涵也处于发展演化之中。目前认可度较高的物联网定义如下：通过 RFID、红外感应器、全球定位系统、激光扫描器等信息传感设备，按约定的协议，把任何物品与互联网连接起来，进行信息交换和通信，以实现智能化识别、定位、跟踪、监控和管理[1]。简单来说，物联网的本质还是互联网，互联网的终端是计算机，

---

[1] SCHAUMONT P, HWANG D,YANG S,et al. 安全嵌入式系统中的多级设计验证[J]. 电气电子工程师学会计算机，2006（11）.

如 PC、服务器等设备，我们运行的所有程序，无非都是计算机和网络中的数据处理和数据传输，除计算机外，没有涉及任何其他的终端或者硬件。物联网其实是互联网的一个延伸，只不过终端不再只是计算机（PC、服务器），还有嵌入式计算机系统及其配套的传感器，这是网络科技发展的必然结果，为人类服务的计算机设备呈现出各种形态，如穿戴设备、环境监控设备、虚拟现实设备等。只要有硬件或产品连上网，发生数据交互，就成为物联网。

物联网是一个典型的现实空间与网络空间相互融合的庞大包容网络，它让所有的物体和行为都相应投射到网络空间，是互联网发展到今天，网络空间环境日益外溢，并与实体空间衔接的结果，它的趋势是将虚实两个空间融合起来，形成一张巨大的网络，在这个网络中，物物相联、信息交互，在实体环境中存在，同时也映射到网络空间环境中，在虚拟环境中存在。从物联网的通信对象和过程来看，物与物、人与物之间的信息交互是物联网的核心，这是在互联网络基础上的延伸，而通信过程的基本特征可概括为整体感知、可靠传输和智能处理[1]。所谓整体感知，是指利用射频识别、二维码、智能传感器等感知设备，获取物体的各类信息，如所在地理位置、业务处理状态等。可靠传输指的是通过对互联网、无线网络的融合，将物体的信息实时、准确地传送，以便信息交流、分享。智能处理指的是使用各种智能技术，对感知和传送到的数据、信息进行分析处理，实现信息监测、行为控制等智能化目标。这是典型的“实体—网络—实体”的交互模式，体现了网络空间环境与实体环境交融的外溢性。

---

[1] 甘志祥. 物联网的起源和发展背景的研究[J]. 现代经济信息，2010.

物联网的工作流程大体分为如下 4 个步骤：首先是连接，如在智能家居的物联网体系中，要将家用电器或者家居用穿戴设备连接到网络空间；其次是传感，也就是所有的设备都要采集信息，反馈到云服务器，反馈的内容包括探测到的状况，如智能手环探测到的人的身体情况、智能家居设备探测到的室内温度情况等，也包括传感器本身的数据等；再次是数据分析，即云服务器采用数据分析技术对接收到的数据进行分析，并根据设定程序得出最佳执行结果；最后是控制，也就是通过对信息数据的分析结果，对终端设备进行具体的控制。图 3-3 所示为物联网工作流程。

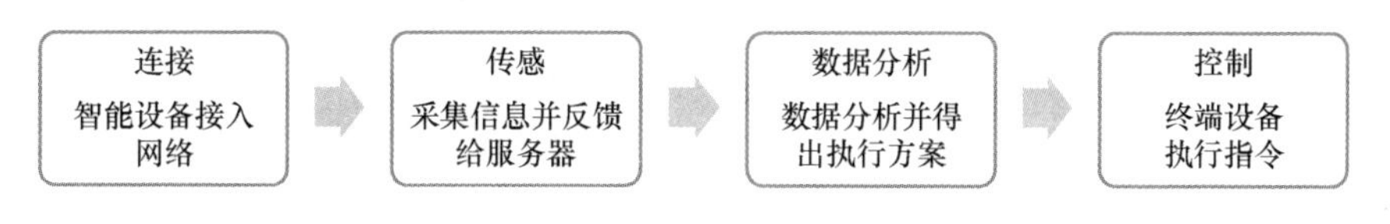

图 3-3　物联网工作流程

网络空间环境内的所有要素，本质上也是为实体空间服务的，会投射到物理空间。物联网体现得更多的是实际物体在网络空间的映射关系。在更为虚拟的思维层次，网络空间环境同样具有溢出性。例如，我们习惯了在网络社交平台上进行沟通交流，然而，其中的大部分角色都已经隐蔽了自己的真实身份，很多角色与其社会身份是没有任何关系的，极端情况下甚至颠覆了性别、国籍、年龄等个人要素，人们完全游离于虚拟空间之中。但是，这些角色本质上所反映出来的思想观点、对客观世界的认知、人生观和价值观等，必定会以某种形式在现实世界中体现出来。因此，在线社交网络作为一个虚拟的社会环境，其中所形成的舆论就有可能引发物理社会中的动荡。

二、网络空间环境的构成及指标体系

自网络诞生以来，人们对网络空间的结构进行了很多研究，也形成了很多研究成果。例如，在 2010 年美国陆军训练与条令司令部发行的《网络作战概念能力构想》手册中，将网络空间环境分为地理网络、物理网络、逻辑网络、网络空间、人物角色 5 个组成部分，并进一步归类为物理层、逻辑层和社会层 3 个层级，如图 3-4 所示。

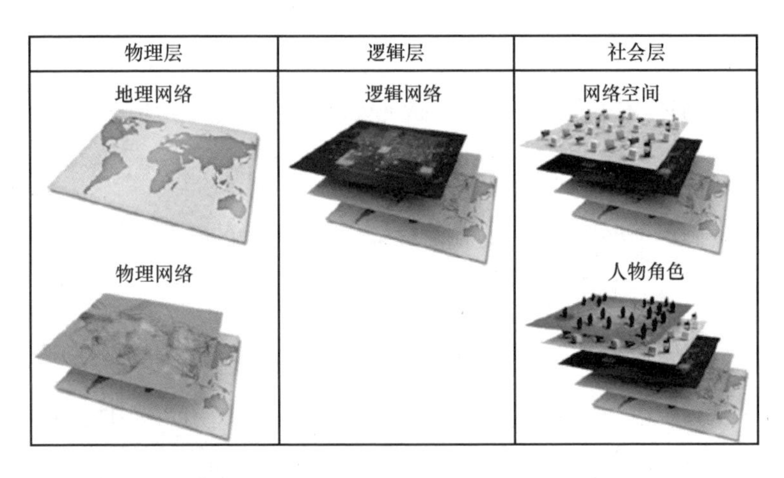

图 3-4　美陆军对网络空间环境进行的划分

根据方滨兴院士在《论网络空间主权》一书中的界定，完整的网络空间环境应该具备基础设施、数据、用户和操作 4 个要素，如图 3-5 所示。其中，基础设施与数据属于技术层面，反映的是“网络属性”，通常是施加管理的作用点；用户与操作属于社会层面，反映的是“空间环境属性”，其社会层面的特征就是受管理的对象，体现了人与实践活动之间的互动属性。

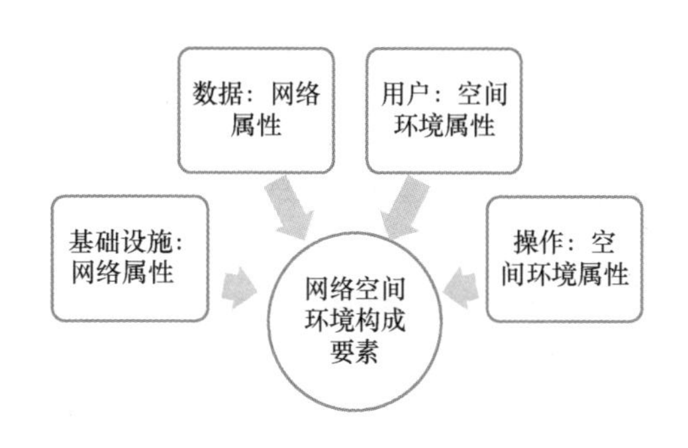

图 3-5　网络空间构成要素的划分

考虑到当前网络空间环境与现实环境的融合趋势越来越明显，网络空间环境对现实环境形成跨域影响的特点也日益突出，本书在吸收上述观点的同时，将网络空间环境划分为物理基础、逻辑网络、实践空间和融合通道 4 个层，每层都有自己的功能，就如同建筑物一样，每层都靠下一层的支撑而发挥作用。

1．物理基础层

物理基础层指的是网络空间环境赖以存在的实体硬件和物理网络基础，以及该硬件和网络基础所处的地理位置。这一层可以理解为现实陆地环境因素中地形因素在网络空间中的映射。地形是地貌和地物的统称，其中地貌是指地表高低起伏的状态，地物是指分布在地面上的人工和自然形成的物体。从网络空间环境的角度来看，网络空间中的地形，是基础地质和实体地物的统称，是承载网络空间人类的实践活动及数据流转的物质基础。其中，基础地质是指分布在自然地理空间环境中、人工构建用于承载各类网络软件系统的设施设备，也是网络空间环境与实体环境交汇的对接点。在网络空间环境下的实践活动中，物理基础层相当于人类进入网络空间环境的通道，它连接了实体环境和网络空间环境。

物理基础层的构成要素，主要包括两大类，一类是所在地理位置等实体情况，另一类是硬件网络基础设施。其中，地理位置包括所在国家与地区、网络连接线路的排布情况、物理网络隔离或保护等；硬件网络基础设施包括网络接入设备和交换设备，接入设备包括固定网络终端、移动接入设备、节点，如计算机、手机及其他具有网络操作功能的智能网络接入设备等，交换设备主要包括交换机、互联网基站、路由器等。

为进一步细致描述网络空间环境，我们对每个层的环境构成要素进行指标层面的细化与表达。网络空间环境中物理基础层、构成要素和指标体系如表 3-1 所示。

表 3-1　网络空间环境中物理基础层、构成要素和指标体系

物理基础层	构成要素	指标体系
地理位置	所在地	国家、地区
		具体位置、建筑情况
	网络状态	当地网络整体水平
		物理隔离与否
		电磁环境
	防护状态	是否为军事设施
		是否为涉密环境
		是否为局域网络

（续表）

<table>
<tr><th>物理基础层</th><th>构成要素</th><th>指标体系</th></tr>
<tr><td rowspan="4">地理位置</td><td>周边设施</td><td>周边实体环境情况</td></tr>
<tr><td rowspan="2">价值判定</td><td>关键基础设施网络</td></tr>
<tr><td>军事网络</td></tr>
<tr><td>⋮</td><td>⋮</td></tr>
<tr><td rowspan="10">硬件网络基础设施</td><td rowspan="3">网络通路排布</td><td>网络通路排布时间</td></tr>
<tr><td>网络通路材质</td></tr>
<tr><td>网络通路防护情况</td></tr>
<tr><td rowspan="2">网络接入设备</td><td>固定网络终端型号、厂商</td></tr>
<tr><td>移动网络终端型号、厂商</td></tr>
<tr><td rowspan="5">网络交换设备</td><td>交换机型号、厂商</td></tr>
<tr><td>信号基站建立时间、稳定性</td></tr>
<tr><td>路由器型号、厂商</td></tr>
<tr><td>无线路由器稳定性</td></tr>
<tr><td>⋮</td></tr>
</table>

2. 逻辑网络层

网络空间运行的核心是逻辑，各种协议或程序通过不同的逻辑形式完成其功能。逻辑结构的不完善给网络空间留下了漏洞，制造了安全威胁的温床。逻辑网络层可以理解为人为设定的程序运行层，在物理基础层之上构建的一个虚拟的空间，在一定程度上可对应实体空间环境中的气象、水文要素，是可以更改或变化的，但总体的运行逻辑或是发展规律是可预知或可设定的。

在实体空间环境中，气象是各种天气现象，以及变化运行规律、状态的统称；水文是地球各类水体的运动状态、时空分布和循环变化等的现象。气象和水文是研究现实世界环境因素的重要参考，与人类的活动息息相关。例如，我们根据气象状态决定添减衣物、出行方式，在战争中根据气象、水文情况组织兵力、选取战法，同时气象和水文情况具有一定的规律性。在网络空间环境下，各类数据和信息产生、传播、类聚、被存储、被使用，上述活动具有的规律、趋势和现象与实体空间环境中的气象、水文有一定的类似之处。随着网络空间环境的日益复杂化，其发展变化已经很难受到某个独立主体的影响，这些数据和信息产生于人类思维认知的进步、群体意志的演化，以及设备对网络空间信息流、能量流导控的共同作用，本质上是网络空间环境中一种类自然的进化，是维持网络空间的生态环境有序运转的基础。网络空间环境逻辑网络层、构成要素和指标体系如表 3-2 所示。

表 3-2　网络空间环境逻辑网络层、构成要素和指标体系

<table>
<tr><th>逻辑网络层</th><th>构成要素</th><th>指标体系</th></tr>
<tr><td rowspan="13">底层逻辑协议</td><td rowspan="9">业务逻辑</td><td>指挥控制关系</td></tr>
<tr><td>控制调度关系</td></tr>
<tr><td>数据管理关系</td></tr>
<tr><td>情报支撑关系</td></tr>
<tr><td>数据传输关系</td></tr>
<tr><td>服务调用关系</td></tr>
<tr><td>通信联通关系</td></tr>
<tr><td>业务依赖关系</td></tr>
<tr><td>⋮</td></tr>
<tr><td rowspan="4">服务</td><td>TCP</td></tr>
<tr><td>UDP</td></tr>
<tr><td>后门端口</td></tr>
<tr><td>远程服务</td></tr>
</table>

（续表）

逻辑网络层	构成要素	指标体系
底层逻辑协议	服务	远程控制
		⋮
	协议	TCP
		HTTP
		FTP
		Telnet
		DNS
		⋮
功能软件	操作系统类软件	Windows
		Linux
		⋮
	服务类软件	通用信息传输服务
		数据分发共享服务
		数据库管理服务
		⋮
	应用类软件	指挥控制信息系统
		预警探测信息系统
		雷达监控信息系统
		⋮

3. 实践空间层

在网络空间中包含各类操作，也就是人类在网络空间环境中的实践活动，通过网络角色的操作，发生在网络空间环境中的实践空间层。实践空间层是人类参与到网络空间环境中的主要体现，也是人类与网络空间进行交互的直接环境。从安全角度看，实践空间层是进行网络空间攻击和防御的重要战场；从技术角度看，实践空间层是在物理基础层和逻辑网络层的物质基础搭建好之后，通信技术在网络空间环境发挥作用最重要的体现。正是在网络空间环境这个层级，人类的实践活动区别于传统空间的实践活动。

不难看出，网络的实践空间层有两个必不可少的因素，分别是角色和操作。其中，角色泛指网络空间环境中的各种角色与用户，是实施网络实践活动的主体，相对于数据信息而言，角色是具有主动性和主体地位的要素；操作是指网络空间中各种针对数据的活动，本质上是对数据的加工，包括对数据的创造、存储、改变、传输、使用、展示等。与此同时，进行网络操作使用的工具或者装备也在这一层发挥作用，这个工具或装备是联系角色与操作的必要媒介。在网络空间环境中，角色和操作的重要性非常突出，它们具备网络空间“连接”与“互动”的属性，是最能体现网络空间区别于实体空间的要素。具体来看，网络的实践空间层包含各类网络用户及其账号、网络安全防护软件设备及手段，例如，防火墙等软件工具、蜜罐等攻防网络、洋葱路由器等传输技术。表 3-3 所示为网络环境实践空间层、构成要素和指标体系。

表 3-3　网络环境实践空间层、构成要素和指标体系

实践空间层	构成要素	指标体系
角色	人	账号所在国家、地区
		政治倾向
		技术水平
		操作偏好
		⋮
	设备	功能、型号等具体信息
		智能化程度
		⋮

（续表）

实践空间层	构成要素	指标体系
角色	国家或组织行为体	网络空间发展战略
		网络空间技术实力
		⋮
操作	网络交往	网络社交，包括与虚拟角色、现实角色在网络中的交往交流等
		网络表达，包括发表、支持或反对观点
		网络经济，包括个人、企业及国家级别的经济在网络空间环境中的运行
		网络学习，包括系统学习、碎片化学习等
		⋮
	网络态势感知	侦察路径
		侦察范围
		侦察频率
	网络侦攻防	侦察规律
		攻击路径
		攻击频率
		攻击强度
		攻击类型
		防御水平
		防御范围
		物理破坏
		特种作战
	网络治理	国际层面的治理，包括公约、平台等
		国家层面的治理，包括法律法规、机构设施等
		企业层面的治理，包括网络安全防护、员工安全意识培养等
工具	网络探测装备	程序类工具，包括蠕虫、木马等
		软件类工具，如口令破解软件、网络窃听软件等
		信号收集工具，如无线电监听、有线链路搭线等

（续表）

实践空间层	构成要素	指标体系
工具	网络攻击工具	病毒类工具
		拒绝服务攻击
		网络欺骗、诱骗
		信息窃取与篡改
		电子干扰
	网络防御工具	物理防护
		入侵检测、漏洞扫描
		出入接口管控
		访问控制
		身份鉴别
		信息加密
		防（反）病毒
		⋮

4．融合通道层

融合主要是指网络空间环境与现实环境的连接，是两个或多个场域的融合，这将是未来人类生产生活需要时时面临的场景，也是网络空间环境日益成为重要生存环境的一个体现。

尽管虚拟性、人造性是网络空间区别于现实世界的突出特征，但网络空间环境并不虚幻，它承载的数据、采取的操作都是真实存在的，而且最终仍要作用于实体空间，实现与真实世界的互动。可以预见，随着网络日益覆盖人们的生活，未来人类的生存场景将是网络与现实的融合环境，网络空间的实践活动也不是单独存在的，通过网络空间环境内的活动，将效果传导至有形空间，最终形成对现实世界的物理或心理等实际影响，这将是网络空间环境在融合的生存环境中作用的体现。例如，随着物联网风潮涌起，智能穿戴设备、工控网络接入设备，以及金融系统、交通系统、水力及电力等基础设施网络系统与互联网的连接都已经成为事实。虚拟空间和现实空间的连接处就是网络空间环境的融合通道层。

在军事领域，这一层的作用体现得更为明显。例如，大名鼎鼎的“震网”病毒事件，就是典型的由网络空间环境中的军事攻击传导至实体空间的案例。“震网”是一种专门针对工业控制系统的恶意病毒，其精准感染了伊朗核设施的离心机，而受到病毒感染的控制系统操作出现混乱，最终导致核设施受损，造成实体环境中的实质损失。表 3-4 所示为网络环境融合通道层、构成要素和指标体系。

表 3-4　网络环境融合通道层、构成要素和指标体系

融合通道层	构成要素	指标体系
网络空间	网络行为导出设备	有线导出设备型号、性能、厂商等要素
		无线导出设备型号、性能、厂商等要素
		电磁信号接收设备型号、性能、厂商等要素
		⋮
	网络行为交换设备	网络交换机型号、厂商、性能
		网络基站建立时间、稳定性等情况
		路由器型号、厂商等要素
		无线路由器稳定性
		⋮

（续表）

融合通道层	构成要素	指标体系
现实空间	关键基础设施	工业控制系统网络
		金融系统网络
		交通系统网络
		水电系统网络
		⋮
	日常生活设施	交通出行网络
		旅游餐饮网络
		社交网络
		⋮
	军事设施	联合作战指挥控制系统与设备
		武器装备操作系统
		后勤保障系统
		⋮

第四章

网络空间环境的构建保障及关键技术

4

网络空间环境具有虚实融合的特点，由此，网络空间环境的构成要素也分为实体要素和虚拟要素，特别是数据这一要素，具有多源异构、多维分布、多时空存在等复杂特性。但人们对于抽象事物的认识，总是以具体事物为出发点和参照物，再根据事物特征逐渐抽象化。也就是说，如果能有现实空间相对应的、“看得见、摸得着”的研究对象来进行牵引，则更容易进行理解与研究，数据可视化就是这样一个研究逻辑。所谓数据可视化，指的是一种对数据和建模的表达方法，旨在通过模型表现数据的部分特征和内在规律，使观察者更容易发现和理解数据的特征和规律[1]。网络空间环境的态势综合及构建保障，就是针对网络空间环境的构成和特征，建立网络空间环境模型，对网络空间进行数据管理和可视化展示，实现在融合环境下网络空间环境的态势综合与展示。在充分把握网络空间社会环境发展趋势的基础之上，要素齐全、重点突出、贴近需求、面向应用的态势综合保障系统，是更好适应未来万物互联、虚实融合的新环境的重要一环。

[1] WARD M O, GRINSTEIN G G, KEIM D A. 交互式数据可视化基础、技术和应用[M]. A. K. Peters/CRC，2015.

一、网络空间环境的态势综合及保障

具体方法而言，在整个态势的设计层面，需要对网络空间环境进行调研，类似于在实体空间中对环境要素实施调查。网络空间环境的调研对象，主要包括网络基础设施情况、网络技术水平、软硬件配置、通信协议、操作系统等，以及网络空间环境参与者对数据的操作情况、网络舆情倾向与动向等。基于对网络空间环境内涵特点、地位作用和构成情况的认知，结合实体空间构建的经验，网络空间环境的态势综合及保障可从数据层、平台支撑层、服务层和应用层 4 个层进行具体实现，这 4 个层在逻辑上是递进关系，与网络空间环境构成的物理基础层、逻辑网络层、实践空间层和融合通道层总体对应。同时，由于划分与构建并非简单的一一对应，也存在一定的交叉，例如，在构建时，首先需要对网络空间存在的各类数据进行调研，因此，数据层的构建是网络空间环境模型构建的基础。但在网络空间环境结构的研究中，构成基础层的是物理基础层，但这并不代表网络空间环境中的数据只存在于物理基础层，相反，在构成网络空间环境的 4 个层中，数据是贯穿其中的，因此，两者并不是一一对应的关系，而是互相融合、互有交叉的关系。与此同时，在构建网络空间环境时对网络空间环境的层划分，与在剖析网络空间环境构成时对其层的划分，切入点是不同的。其中，对结构的划分，侧重于对网络空间环境构成要素的分层分类体现，以“直观、容易理解”为出发点；

对综合保障部分的划分，侧重于对网络空间环境的构建，以“便于构建模型”为出发点。

图 4-1 所示为网络空间环境态势综合与保障。

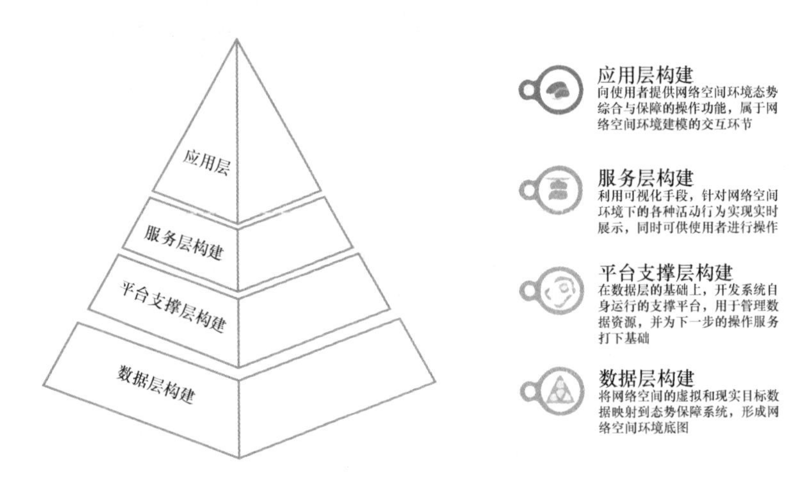

图 4-1　网络空间环境态势综合与保障

1. 数据层构建

数据层的主要构建任务是将网络空间的虚拟和现实目标数据映射到态势保障系统，形成网络空间环境底图。数据资源是网络空间环境地形分析处理的数据基础，包括在虚实融合的环境场景之下，来自各不相同场域的目标态势数据、任务数据、活动进程数据、互动数据等数据资源，以及分析处理上述数据资源所需的分析处理算法和模型等。

在军事活动为例，任何一项行动的第一步都是进行情报侦察。在制定作战任务前，首先要对战场环境等情报进行侦察和综合分析研判，观察敌方的战场有利地势、敌方目标的具体位置，探测敌方目标有何障碍物和掩蔽体，分析己方通向敌方目标的联通路径，判断己方武器兵力能力，定位己方武器装备的探测范围、火力打击范围，以及在打击过程中为配合作战、保证多任务协调性，以及防止后续引发舆论争议和人道责任，需要进行保护和规避的对象。网络空间的环境调查，与战争中的情报侦察具有相同的意义。在网络空间环境中，数据层构建，需要确定目标网络体系的构成、目标网络拓扑、目标网络的安全防护和跳板网络、蜜罐网络分布情况，实现网络空间地形与关键地形的数据生成与识别映射。具体来讲，数据层需要搜集的内容包括物理平台、实体网络目标和时敏目标的分布和运动轨迹、实体目标之间的物理链路，以及平台和物理链路的物理属性，如平台位置、平台类别、链路介质、链路带宽等，对物理基础层网络的识别能够描绘出整个网络空间的网络环境和基础物理网络，是进行网络空间环境下各类活动的基础。数据层构建体系如图 4-2 所示。

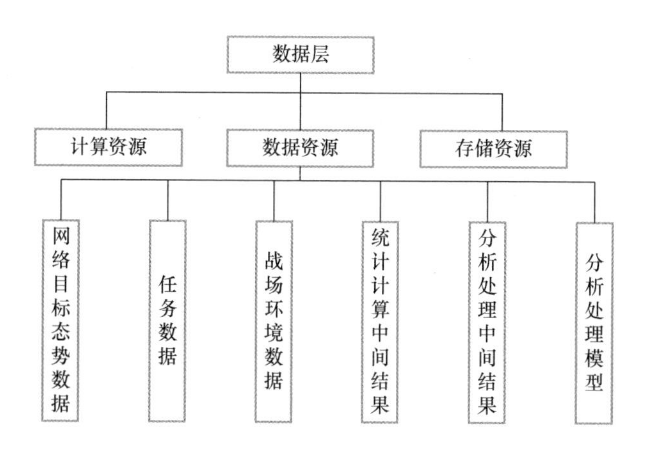

图 4-2　数据层构建体系

2. 平台支撑层构建

在平台支撑层，主要在数据层的基础上开发系统自身运行的支撑平台，用于管理数据资源，并为下一步的操作服务打下基础。收集完数据资源，需要建立统一的数据管理措施，对数据进行有效管理和使用。平台支撑层系统开发支撑平台，包括实现数据访问代理的数据服务平台和面向开发者统一管理的核心服务等。

从现实空间的环境模型构建角度来看，平台支撑层仍属于实践活动的准备阶段，就如同军事作战行动中的作战计划拟制阶段，是对前期情报侦察成果的有效使用。在网络空间环境中，共性支撑层面采用大数据支撑服务平台，可承载大规模目标网络数据的并行计算处理，通过批处理承载海量数据分析计算功能，用于支持目标网络数据的常规统计计算和网络环境深度挖掘分析计算，通过图计算支撑网络空间的关键地形分析。

平台支撑层需要明确实体网络目标的节点设备、软件部署及由此牵引出的业务服务关系、逻辑链路关系、业务隶属关系，节点、逻辑链路的逻辑属性，如节点 IP 地址、节点部署的软件、节点可能存在的漏洞信息、链路功能、链路方向、链路协议、调制方式等，为确定在网络空间环境内的作业目标提供分析依据；同时，还应明确与目标网络实体有关联的用户行为体的信息、用户行为体之间的通联关系，对网络角色层的展示有助于分析用户对物理节点的使用关系、操作行为规律，从而为以社会工程介入方式实现行动目标提供有效分析手段。平台支撑层构建体系如图 4-3 所示。

3. 服务层构建

在服务层，主要利用可视化手段，实时展示网络空间环境下的各种活动行为，且使用者可在可视化平台上进行操作。从本质上讲，服务层是网络空间环境态势综合与保障的主要业务服务层，包括基础算法支撑服务、网络空间环境的生成服务、网络空间关键环境分析服务等。在基础算法支撑中，基于拓扑的逻辑层网络空间关键环境要素识别、面向任务需求的网络空间关键地形分析、面向攻击成本的网络空间关键地形分析等算法，为多角度、多维度网络空间关键地形分析提供了算法支撑。

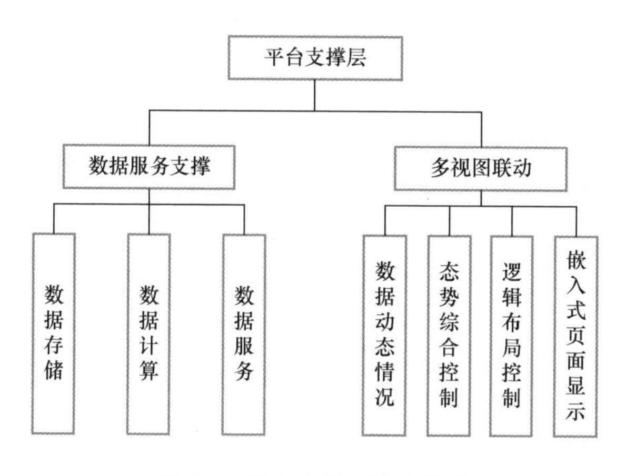

图 4-3　平台支撑层构建体系

如果说数据层和平台支撑层是网络空间环境态势综合与保障的实体层面，那么服务层就是行为的建模。例如，网络空间的作战行动，涉及多种不同类型实体的不同行为，既包括战场网络战范畴传感实体的感知行为、指挥实体的决策行为、战场计算机实体的网络攻防行为等，又包括互联网范畴的各类国家关键基础设施信息流的产生、传递及消耗，信息转发与路由行为、信息处理行为、信息对抗行为，以及个体在接收信息、传播信息时被影响而产生的对社会连锁行为的认知行为等。

基于上述认识，网络空间环境在行为层面的态势综合与保障，就是在基础算法的支撑下，通过对网络空间环境建模和字段映射、转换等，得到网络空间环境实时行为数据并分类存储，形成网络空间环境实时行为场景，并进行实时展示。基于网络空间环境数据，分别对物理基础层、逻辑网络层、实践空间层、融合通道层的环境底数进行搜集、归类、分析、使用，包括网络通联关系、网络拓扑构成、逻辑通联关系、用户行为、用户活动规律等统计计算和处理。服务层构建体系如图 4-4 所示。

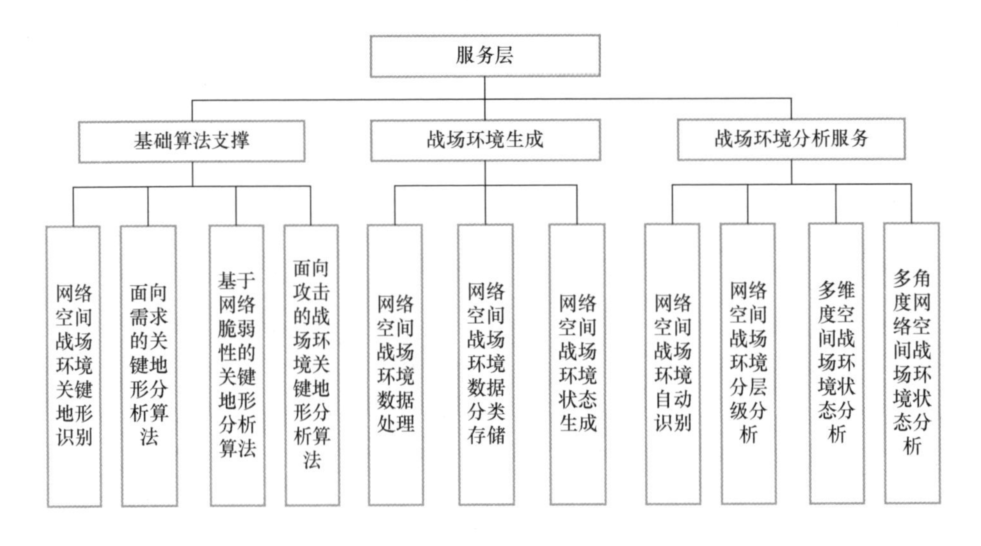

图 4-4　服务层构建体系

4. 应用层构建

应用层主要向使用者提供网络空间环境态势综合与保障的操作功能，属于网络空间环境建模的交互环节。其中，向用户提供的数据管理交互功能主要包括网络空间环境的标绘标注、知识库管理、数据管理、任务管理、对分析功能的操作和分析结果的显示等。

对网络空间来说，描述其交互的模型主要包括 3 个：网络空间基本行动直接造成的单元级效应模型、网络空间有组织的大规模行动在网内间接造成的系统级效应模型、网络行动跨网跨域传播引发的体系级效应模型。单元级效应模型主要描述网络空间行动在其内部造成的交互效果，主要是指所有网络空间行为，包括网络环境的预置、网络交际、网络攻防等，以及由此引发的直接效果。系统级效应模型用于描述直接效果经由信息网络引发的后续更大范围的间接效果。体系级效应模型主要描述交互效果造成的不同领域间的跨域影响，如网络空间的破坏行动导致的现实空间的损失等。

在上述建模思路的指导下，通过对网络空间环境在应用层进行建模的输出性构建，进行态势综合与保障的最终展示与使用，用户可以对各类网络地形要素、关键环境对象进行标绘和标注，在展示界面视图上选择指定区域、指定目标、指定节点类型进行分析，同时分析的结果可以在视图上进行展示。应用层构建体系如图 4-5 所示。

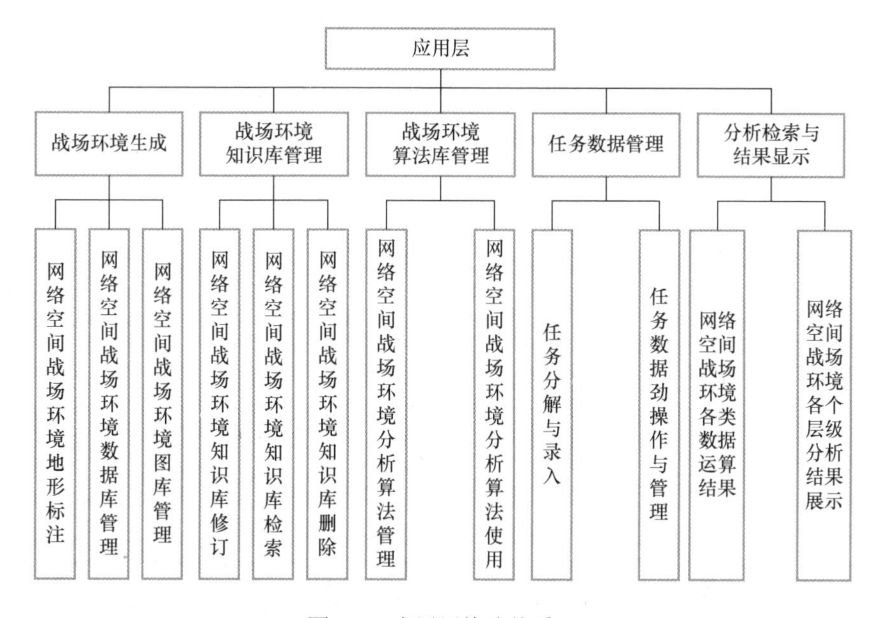

图 4-5　应用层构建体系

二、网络空间环境构建关键技术

构建网络空间可视化系统是一个复杂的体系化工程，首先需要对网络空间环境下的态势数据进行剖分和预处理，其次需要对数据进行动态组织调度，再次需要对多源异构的网络数据进行剖分、标识与检索。上述 3 个技术点，可以说是网络空间环境构建及保障的关键技术。**网络空间环境数据剖分处理**是网络空间环境数据可视化之前的预处理工作，也是网络空间环境态势显示的基础，无论是网络空间环境数据的分片、组织和调度，还是多元数据的分层分级处理，都需要一套高效可行的网络空间环境数据剖分机制，为网络空间环境的可视化提供理论支撑和技术支撑。**海量数据的动态组织调度**，是根据网络空间环境数据的可视化需求及硬件限制，针对海量、动态、多源网络空间环境数据进行的动态组织调度，该技术是突破网络空间态势数据高性能组织与动态调度技术的关键技术，能够提高系统内存使用效率、提供实时、流畅的可视化效果，形成具备基于 GIS 的大规模网络空间态势数据的快速加载和显示能力的可视化原型系统。**数据剖分、标识与检索**，是围绕大规模网络空间环境下态势数据的可视化需求，针对海量、动态、多源网络空间态势数据引发的网络空间态势数据剖分处理和组织调度等技术问题，突破逻辑空间与地理空间的映射模型构建技术、网络空间态势数据高性能组织与动态调度技术、网格空间态势数据剖分标识和索引构建技术等关键技术，构建一套面向海量多元网络空间态势数据的剖分处理原型系统。

1．网络空间环境数据剖分处理原理和关键技术

网络空间环境数据剖分处理的原理，包括数据分类方法和要素呈现、数据预处理和剖分。其中，在多源异构网络空间环境数据分类方法和态势呈现要素层面，考虑到全方位展示网络空间环境信息的应用场景，网络空间环境可视化需要展现不同技术体制的网络安全态势数据，包括安全事件、网络物理拓扑数据、大规模漏洞、威胁数据等信息。网络空间环境数据来源横跨物理域、逻辑域和社会域，从数据可视化的角度必须对多源数据进行分图层、分比例尺层级显示。首先需要对多源数据进行分类处理，并针对不同的业务属性对数据进行深度剖分。同时，网络空间安全要求我们充分考虑涉及的网络态势数据，不仅包含情报、漏洞、安全事件等数据，还包含相关的攻防技术数据。这些数据来源于不同的采集系统。结合网络空间安全展示需求，网络空间态势呈现要素既要包含实时安全数据的展示，又要支持历史数据的回放。实时安全数据主要包括正在发生的安全事件的相关信息，如安全日志、告警日志、系统漏洞数、防护设备安全指数，以及当前网络节点状态和分布等内容；历史数据包含曾经发生过的全部安全事件的相关信息和网络节点状态及分布等内容。针对漏洞分布、一次安全事件、某一漏洞的历史回放、热点区域的网络安全态势等指定任务维度的态势数据，结合任务特点进行预处理和分析。其次在多源异构网络空间环境数据预处理方面，由于网络空间态势数据具有类别多、量大、重复性和不确定性高、显示和存储形式各异等特点，需要进行数据分类、去重、格式转换、归一化、持久化等预处理，才能进行数据分析和显示等应用。最后是基于权重分析法和经纬网的网络空间态

势数据剖分机理，网络空间环境数据不同于传统地理空间数据，其动态、海量、多样、模糊等特征对网络空间环境数据可视化提出了严峻的挑战。网络空间态势数据剖分需要以业务特征为依据，对网络空间态势数据进行分类、分级、分片处理，形成逻辑空间和地理空间映射模型，实现非均质网络空间环境数据的快速调度。

在明确网络空间数据剖分原理的基础上，本书提供以下关键技术，如图 4-6 所示。

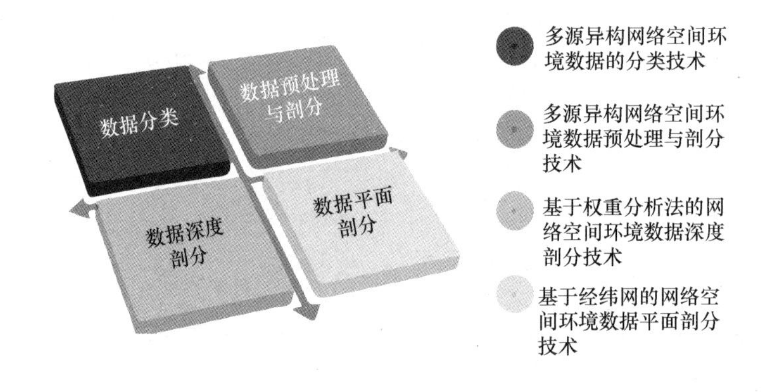

图 4-6　网络空间环境数据剖分处理关键技术

1）多源异构网络空间环境数据的分类技术

网络空间环境数据来源复杂，涵盖各类网络安全态势信息；数据分布范围广，横跨物理、逻辑、社会等多个领域；形式异构，有结构化战果情报数据，也有图像、音视频等非结构化数据，即使是结构化数据，对于不同类别的网络空间态势数据也含有不同的数据项元素。这些数据的多源多样性对数据剖分方式产生了不同的影响。根据网络空间环境数据的显示需求，可以从安全事件数据、网络物理拓扑数据、业务逻辑拓扑数据、重点用户数据、网络节点资源数据、大规模漏洞数据、安全威胁数据、数据安全审计事件数据等对网络空间态势数据进行分级分类，研究网络空间态势数据分类体系，对不同类别的网络空间态势数据进行业务属性层面的初步梳理。

（1）安全事件数据。安全事件数据要素包括事件名称、事件摘要、态势类别、状态、攻击意图、威胁等级、事件类型、事件子类型、被攻击国家、攻击组织、是否涉及我方、报送时间、报送单位、来源阵地、监测时间、攻击 IP、目的 IP、创建人等。在业务层面上，单个安全事件是由多个攻击行为构成的具有一定方向性和针对性的复杂攻击过程，剖分时根据其业务特点，按照攻击方向和攻击行为进行显示优先级的控制。

（2）网络物理拓扑数据。网络物理拓扑数据要素包括平台编码、平台类型、平台名称、安防级别、经度、纬度、是否重要、链路名称、链路类别、链路类型等。在以上业务属性要素中，是否重要、平台类型可作为态势因子，参与深度剖分。

（3）业务逻辑拓扑数据。业务逻辑拓扑数据要素包括业务节点类型、业务名称、IP 地址、安防部署情况、所属物理节点等。在以上业务属性要素中，业务节点类型、安防部署情况、所属物理节点可以作为态势因子，参与深度剖分。

（4）重点用户数据。重点用户数据要素包括单位简称、单位全称、单位类别、单位级别、所属行业、国家、省、城市、经度、纬度、更新时间、更新人、关联类型、关联对象等。在以上业务属性要素中，单位级别可以作为态势因子，参与深度剖分。

（5）网络节点资源数据。网络节点资源数据要素包括节点代码、节点名称、节点类别、防御层次、维护单位、监测带宽、引接容量、国家、省、城市、经度、纬度、更新人、创建人、更新时间、创建时间、关联类型、关联对象等。在以上业务属性要素中，防御层次可以作为态势因子，参与深度剖分。

（6）大规模漏洞数据。大规模漏洞数据要素包括国家、省、城市、经度、纬度、数量等。根据大规模漏洞的分布特征，在 GIS 上展示需要根据城市、国家进行统计，分两级显示漏洞的点分布和区域。

（7）安全威胁数据。安全威胁数据要素包括攻击组织名称、中文名称、行业倾向、首次曝光者、首次曝光时间、组织类型、攻击意图、溯源程度、是否涉及我方、能力指数、攻击特点、国家、城市、经度、纬度等。在以上业务属性要素中，是否涉及我方、能力指数、溯源程度、国家可以作为态势因子，参与深度剖分。

（8）数据安全审计事件数据。数据安全审计事件数据要素包括审计事件名称、审计类型、审计时间、用户、行业、国家、城市、审计设备编码、审计设备类型、设备 IP、所属子网、审计设备名称等。根据审计事件特点，分析重点用户所进行的数据安全审计事件，按需列表和拓扑展示。

2）多源异构网络空间环境数据预处理与剖分技术

多源异构网络空间环境数据预处理包括数据格式解析、数据标准化、数据清洗、数据持久化处理等，如图 4-7 所示。

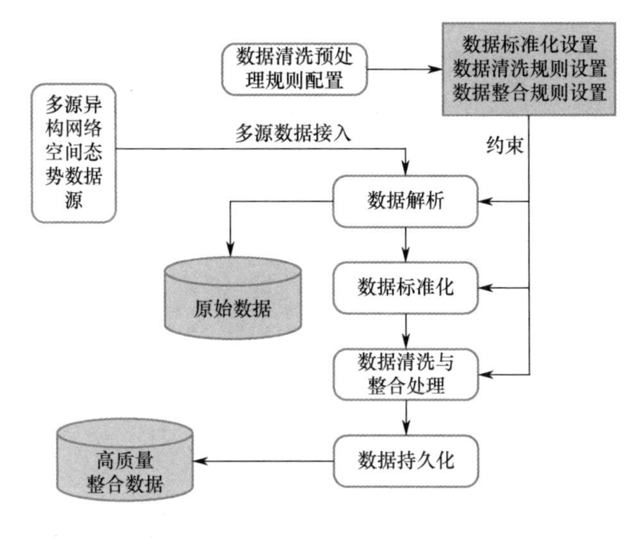

图 4-7　数据剖分处理流程

（1）数据格式解析通过分析数据包的封装协议，根据通信协议规定的文件格式对数据进行逐字段解析。

（2）数据标准化包括数据校验、数据格式转换、数据归一化处理等。数据校验实现数据各字段信息的合法性校验功能，将数据字段信息逐个进行合法性校验，包含校验该字段是否存在、字段内容是否满足之前协商的限定范围、非空字段是否非空、字段格式是否满足之前协商的格式要求等多种限制校验。数据格式转换是指对需要存储入库的数据字段在不改变其取值的情况下进行格式转换。数据归一化处理将数据要素归一化到同一种描述方式，如将整形数字表示的属性字段按预定规则转换成字符串。

（3）数据清洗与整合处理包括数据去重、数据归并等处理。数据去重实现录入数据的过滤、去重，包括数据序号、数据条目的重复性校验等；数据归并将实现同一标识、不同属性描述数据的归并。

（4）数据持久化处理根据网络攻防态势数据的存储规则，对态势数据要素进行映射、默认值填充等规整处理，并根据预定的态势数据分类规则将不同来源、不同类别的态势数据映射到不同的库表，最后调用数据库存储接口，将态势数据持久化到存储区。

3）基于权重分析法的网络空间环境数据深度剖分技术

网络空间环境中的数据分布较集中，屏幕大小有限，为了解决网络要素相互覆盖、数据更新难以实时可视化的问题，提高各类要素可视化后的可识别性和美观性，需要对网络空间环境中的数据进行预处理，确定各要素的显示优先级，实现分级显示。多源异构网络空间环境数据分类是进行态势数据分级的前提，根据异构数据的业务特征，将网络空间环境数据分为安全事件数据、网络物理拓扑数据、业务逻辑拓扑数据、重点用户数据、网络节点资源数据、大规模漏洞数据、安全威胁数据、数据安全审计事件数据等类别。基于权重分析法进行要素显示优先级的计算，需要综合考虑各类要素的属性，确定影响因子和权重系数，并结合网络安全领域的专家知识，计算得到数据的显示优先级数值，具体流程如图 4-8 所示。

（1）获取态势因子。根据网络空间态势数据分类结果，分析获得各类数据中决定元素重要性的属性，以安全事件数据为例，影响其显示优先级的因子包含是否涉及我方、能力指数、溯源程度、所属国家。

（2）态势因子分级赋值。为各项态势因子包含的具体种类按照级别高低赋值，例如，能力指数主要包含低、中、较高、高，可以按照优先规则依次赋值为 4>3>2>1。

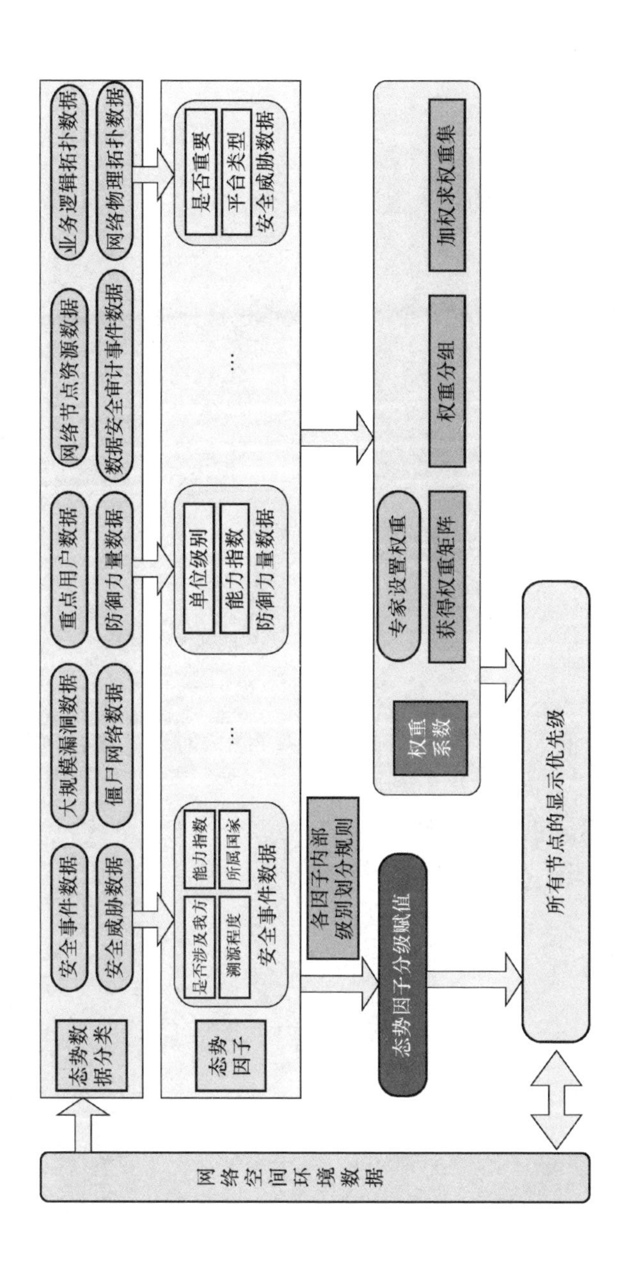

图 4-8　网络空间环境数据分级显示流程

（3）计算权重系数。设有 k 位专家给出 n 个因子的权重，根据给出的权重排成权重矩阵 $\boldsymbol{A}=\begin{pmatrix} a_{11} & \cdots & a_{1n} \\ \vdots & \ddots & \vdots \\ a_{k1} & \cdots & a_{kn} \end{pmatrix}$，其中 $a_{11}+\cdots+a_{1n}=1$，计算过程如下。

找出权重矩阵中每列的最大值 M_j 和最小值 m_j （j=0,1,$\cdots$,k）；

选择合适的正整数 s，对每个因子的权重进行分组，计算组间距：

$$D=\frac{M_{j-m_j}}{s}$$

以组间距将权重由小到大分为 s 组，即

$\{(m_j,d_i),(d_i,d_{i+1}),\cdots,(d_{s-1},M_j)\}$ （i=1,2,$\cdots$,s），其中 d_i 为边界值。

设第 i 组的中值为 x_i，频数为 N_i，频率为 w_i $\left(w_i=\frac{N_i}{k}\right)$，以每组的 w_i 作为每组中值的权重，求加权平均值：

$$a_j=\sum_{i=1}^{s}x_i w_i \quad (j=1,2,\cdots,n)$$

得到权重集合：

$$A=(a_1,a_2,\cdots,a_n)$$

（4）计算重要性（显示优先级）。将态势因子分级值与对应的权重相乘后累加，例如，因子 b 的值为 b_1，b_2，$\cdots$，b_n（n 为因子离散值的个数），得到

的值即该节点对应的加权值，根据加权最大值 L_{max} 和最小值 L_{min}，选取合适的正整数 p，计算各级显示优先级的加权值间隔和范围，根据加权值和范围判断显示优先级。

4）基于经纬网的网络空间环境数据平面剖分技术

经过深度剖分确定显示优先级之后，需要将网络空间环境要素以可视化方式表征到地理空间中，兼顾各图元要素的可识别性和幅面整体的美观性，设置各个显示优先级对应的地理空间比例尺范围，根据比例尺范围划分网格大小，根据编码规则获取网格编号，根据经纬度计算图块（面片）号，形成逻辑空间–地理空间映射模型。计算具体流程如图 4-9 所示。

（1）根据预设的显示优先级和屏幕分辨率，借鉴国家基本地图比例尺类别，同时兼顾分布于各个级别的网络空间态势数据要素的数量，建立多尺度显示规则。

SL1 = (1：+∞～1：80000000)

SL2 = (1：80000000～1：5000000)

SL3 = (1：5000000～1：1000000)

SL4 = (1：1000000～1：500000)

SL5 = (1：500000～1：1)

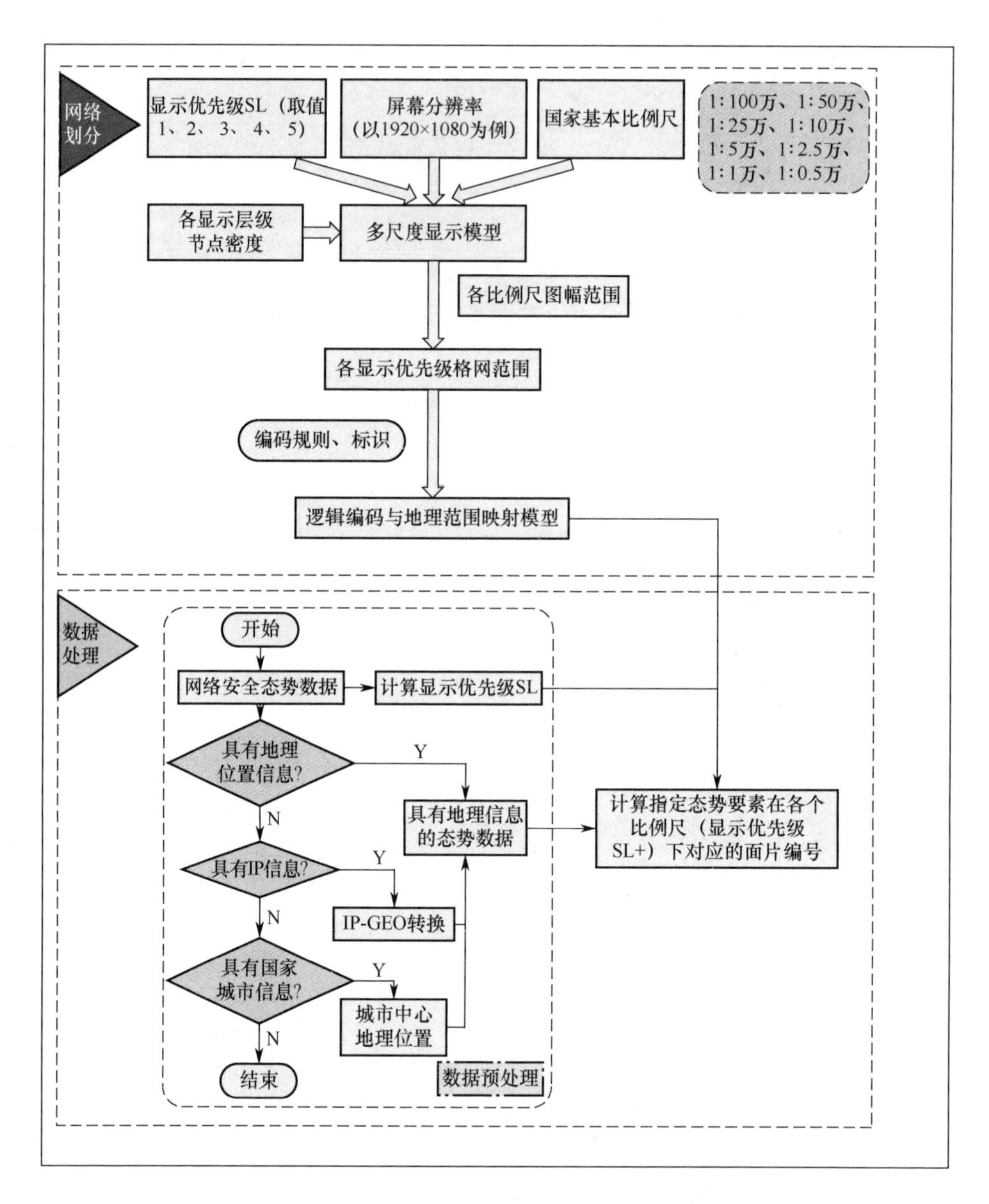

图 4-9　网络空间环境数据逻辑空间–地理空间映射模型计算流程

（2）根据比例尺大小及相关的地图图幅范围，设置各个剖分面片的范围。剖分面片范围与比例尺、显示优先级的关系如表 4-1 所示。

表 4-1　剖分面片范围与比例尺、显示优先级的关系

<table>
<tr><td colspan="2">比例尺</td><td><1：80000000</td><td>1：80000000～
1：5000000</td><td>1：5000000～
1：1000000</td><td>1：1000000～
1：500000</td><td>>1：500000</td></tr>
<tr><td colspan="2">显示优先级</td><td>1</td><td>2</td><td>3</td><td>4</td><td>5</td></tr>
<tr><td rowspan="4">面片范围行列数量关系</td><td>经差</td><td>90°</td><td>36°</td><td>6°</td><td>2°</td><td>30′</td></tr>
<tr><td>纬差</td><td>90°</td><td>36°</td><td>6°</td><td>2°</td><td>30′</td></tr>
<tr><td>行数</td><td>2</td><td>5</td><td>30</td><td>90</td><td>360</td></tr>
<tr><td>列数</td><td>4</td><td>10</td><td>60</td><td>180</td><td>720</td></tr>
</table>

（3）根据面片标识编码规则为各个比例尺的行列进行编号，未涉及处补0。面片逻辑标识对应的地理范围计算方法如下。

① 设某面片的标识为 LC-SL-RC-CC，其中，LC（LayerCode）为异构数据类别，SL（ScaLevel）为显示优先级，RC（RowCode）为行号，CC（ColumnCode）为列号。

② 计算面片左下角的经纬度。

$$\varphi_{\mathrm{LB}} = (\mathrm{CC}-1)\times\Delta\varphi_{\mathrm{SL}} - 90^{\circ}$$

$$\lambda_{\mathrm{LB}} = (\mathrm{RC}-1)\times\Delta\lambda_{\mathrm{SL}} - 180^{\circ}$$

式中，φ_{LB} 为左下角的纬度，λ_{LB} 为左下角的经度，$\Delta\lambda_{\mathrm{SL}}$、$\Delta\varphi_{\mathrm{SL}}$ 分别为当前显示优先级下的面片经差、纬差。

（4）对网络空间态势数据进行预处理，获取各网络空间态势数据要素的显示优先级（SL）和经纬度，计算数据要素所在面片的标识，计算步骤如下。

① 采用上述权重分析法计算当前数据要素的显示优先级（SL）。

② 采用 IP-GEO 转换和查找国家、城市的方法，预处理得到地理位置信息。

③ 根据地理坐标计算其在各个显示优先级中的面片标识。

$$\mathrm{RC}_i=\begin{cases}\left[\dfrac{\varphi+90}{\Delta\varphi_i}\right]+1, & \varphi<90^\circ\\ \mathrm{RC}_{\max}, & \varphi=90^\circ\end{cases}$$

$$\mathrm{CC}_i=\begin{cases}\left[\dfrac{\lambda+180}{\Delta\lambda_i}\right]+1, & \lambda<180^\circ\\ \mathrm{CC}_{\max}, & \lambda=180^\circ\end{cases}$$

式中，$\Delta\lambda_i$、$\Delta\varphi_i$ 分别为 i（$i \geqslant \mathrm{SL}$）下的面片经差、纬差；RC_i、CC_i 为获得的面片行号、列号。

2. 网络空间环境数据动态组织调度关键技术

网络空间环境数据具备非确定性、动态多元性、实时性及海量特性。当前，计算机硬件瓶颈给网络空间环境数据的实时渲染提出了较大的挑战。目前，针对网络空间环境数据的展示多是基于 GIS（地理信息系统）的，因此，对于网络空间环境数据可视化，不仅需要展示网络空间环境数据，还需要展示地理空间数据。

在当前技术条件下，网络空间环境数据的动态组织调度还存在以下技术难点。

一是基于可视化需求如何提高数据调度有效性。网络空间环境数据的综合与显示，是网络空间态势感知的重要环节，能够以可视化的方式对网络空间事件进行直观展现，为网络空间环境参与者和管理人员提供综合的、直观的网络空间环境信息，满足网络空间环境下各类行动的需求。当前，国内外主流的网络安全公司，都是基于 GIS，通过 IP 与地理位置转换或地理统计分布等方式实现网络空间环境数据的实时可视化。因此，如何提高网络空间环境数据和地理空间数据的调度有效性，是网络空间态势数据可视化亟待解决的问题。

二是针对网络空间环境数据的特点采用何种内存管理方法能够实现实时渲染。网络空间环境数据具有数据多源复杂、瞬时多变、无确切地理位置信息、实时性和大数据量等特点，实时海量网络空间态势数据的快速渲染和流畅操作，是网络空间环境数据可视化的需要。不仅如此，计算机技术的发展，对网络空间环境可视化的逼真度和实时性的要求也越来越高，针对网络空间态势数据的特点，如何利用图形显示卡的特性对其渲染进行优化，提高渲染帧率，采用何种内存组织和管理方式，是实现网络空间环境数据的实时渲染的必要环节，也是决定网络空间环境数据可视化系统性能的关键。

三是针对计算机硬件限制如何提高内存的使用效率。现有计算机硬件虽然有较快的发展，但依然无法满足海量网络空间环境数据的一次性调度和显示。对于网络空间环境数据而言，仅一个国家的互联网数据就达到上亿条数据记录，同时涉及矢量、影像等海量纷繁复杂的地理空间数据。例如，全球 30m 的影像数据能够达到 1.7GB，高精度的影像数据从几个 G 字节到几十个

G 字节不等，远远超出了普通计算机的存储和管理能力。因此，如何对网络空间态势数据进行合理、高效的组织调度来构建一个复杂场景的可视化环境，成为网络空间环境可视化亟待解决的关键技术。

基于上述技术难点，网络空间环境数据的动态组织调度关键技术需要研究的主要内容应该包括以下几个方面，如图 4-10 所示。

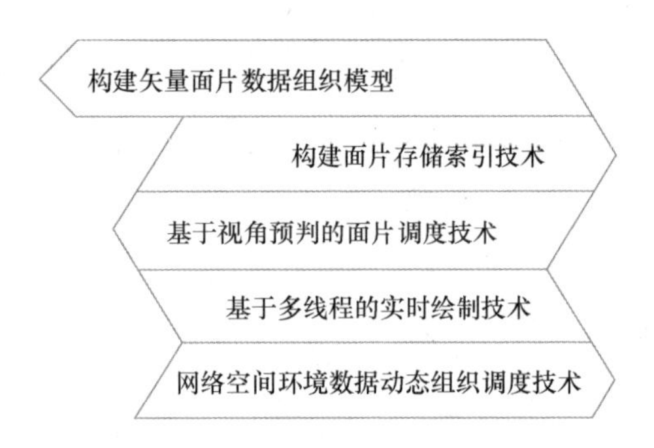

图 4-10　网络空间环境数据的动态组织调度关键技术

1）构建矢量面片数据组织模型

在地理信息系统中，针对矢量数据的空间数据组织模型有矢量数据模型和栅格数据模型两种。与栅格数据模型相比，矢量数据模型的优势在于，它的存储代价较大；可以在客户端进行制图和分析操作，大大降低了服务器的负担。但是，当矢量数据范围较大或图层数量较多时，传输所有的数据会产生极大的内存和时间开销，无法满足实际应用的需要。对于此问题，当前主要的解决方案是使用矢量数据渐进传输的方法，先传输一幅分辨率低的数据，随着分辨率的提高，逐渐传输精确的数据。该方法可以使客户端先得到一幅概略性的态势图，减少了用户等待时间。但是，针对图层的渐进传输没有考虑到用户屏幕分辨率的因素，它同时传输了过多的屏幕外无须显示的数据，这种传输策略只是在一定程度上提高了用户体验，并没有从根本上解决数据量的问题。栅格数据模型将矢量数据进行栅格化处理，该过程带来的问题显而易见：首先，无法对图片格式的面片进行空间分析和交互操作；其次，精度与图片分辨率相关，在小尺度范围内无法表现出数据精度；再次，图片格式的面片样式是固定的，不利于交互制图。但是，栅格数据模型的一大优势是可以通过建立多分辨率层次模型，在不同的显示层级使用预先生成的、不同分辨率的数据，将实时重采样工作转化为对面片的读取操作，分块的面片金字塔大幅减少了数据访问量，适合网络传输；分层的结构符合分布式部署的思想，使得数据可视化效率大大提高。

传统意义上的面片是指图片格式的栅格面片，栅格面片本身不包含任何数据内容。矢量面片的概念与栅格面片类似，它将用于传输的矢量数据切分成小的数据单元进行传输，每个数据单元只包含一定范围内的要素信息，面片携带的是用于绘制的数据，而不是已经绘制的固定样式的图片。将矢量数据预先生成矢量面片，可以使数据的请求和传输变得更加高效，在客户端进行更快更灵活的渲染。目前，矢量面片技术并没有明确的格式标准和体系标准，但已经有了一些实际应用和探索方面的成果，如基于面片的矢量图幅分割与合并方法、基于开源软件的矢量面片生成方法，以及一些开源库，如 TileStache 提出的基于谷歌地图格式的矢量面片、VecTiles 提出的基于 TopoJSON 格式的矢量面片。新版谷歌地图已经采用了底图上叠加矢量面片的方法来加载矢量数据。基于上述思想，应该建立一种矢量数据的逻辑模型和物理模型，以矢量面片的形式进行矢量数据表达。将基于矢量数据模型的数据渐进传输方法与多分辨率层次模型结合起来，以矢量面片作为矢量数据的载体，把针对矢量图层进行的渐进传输降低到矢量面片的层面上来。在保持矢量数据精度高、制图方便、可分析特性的同时，保证数据的快速调度与传输。

2）构建面片存储索引技术

首先要构建面片的金字塔模型。金字塔模型是一种多分辨率层次模型，它在同一空间参照下，根据用户的需要以不同层级进行存储与显示，具有层级由大到小、数据量由小到大的结构。面片金字塔模型的构建如图 4-11 所示。将初始影像作为金字塔的底层，即第 0 层，并对其进行分块，形成第 0 层面片矩阵；在第 0 层的基础上，按 2 像素×2 像素合成为 1 像素的方法生成第 1 层，并对其进行分块，形成第 1 层面片矩阵；在第 1 层的基础上采用同样的方法生成第 2 层面片矩阵；以此类推，最后形成一个多层次的文件夹，并存放不同分辨率的数据文件。面片金字塔模型实际上是由图像自动分层、切割分块形成的多层次文件的整体结构。很显然，仅依靠面片金字塔模型将会耗费大量时间，占用大量存储空间。

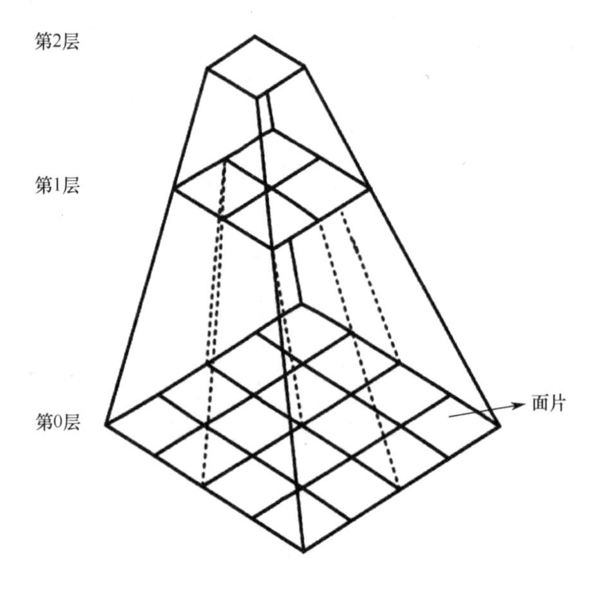

图 4-11　面片金字塔模型的构建

面片实时切割与高效调度技术方法是一种“面片请求—即时切割—返回面片”的模式。客户端根据当前显示窗口大小和当前视角高度计算该范围内的面片数据，实时发送面片请求并解析，根据请求参数确定面片所在的数据集、层数、行数、列数，读取该面片范围影像数据，存储为切片，并为切片添加索引信息，最后以面片方式传输到调用端。利用面片实时切割与调度的方法，既可以极大地节省内存空间，又可以减少系统的调度反应时间，同时还有助于网络空间态势数据的快速查询调用。

3）基于视角预判的面片调度技术

首先是视口可见区域裁剪。实时显示要求当用户的视点变化时，图形显示的速度必须跟上视点的改变速度，否则就会出现延迟现象。要消除延迟现象，计算机每秒必须生成10～20帧图像，在场景很简单的情况下并不困难，但是在由上万个面片组成的复杂场景下，为了达到逼真的效果，同时考虑对场景进行光照处理及纹理等，这便对实时显示提出了很高的要求。因此，可采用预可见视点判断的方法，将可能加入缓存的面片预先加入内存中，以此来提高图层加载的实时性。根据视点变化的规律性，以视点所在可见区域为中心，无论视点如何移动，周边的8块区域最有可能成为下一块可见区，如果事先将这些区域的数据调入内存，就不会出现需要显示的面片数据不在内存而需从磁盘中调入带来的显示不连贯现象。

其次是矢量面片的分级调度策略。在环境数据组织与显示系统中，针对矢量数据的空间数据组织模型有矢量数据模型和栅格数据模型两种。

4）基于多线程的实时绘制技术

首先是基于 GPU（Graphic Processing Unit，图形处理器）的着色器绘制算法。GPU 是相对于 CPU 的一个概念，由于在现代计算机中图形的处理变得越来越重要，所以需要一个专门处理图形的核心处理器。GPU 是显卡的"大脑"，它决定了该显卡的档次和大部分性能，同时也是二维显卡和三维显卡的区分依据。GPU 使显卡减少了对 CPU 的依赖，并负责部分原本 CPU 的工作，尤其是在二维或三维图形处理时。GPU 采用的核心技术有硬体 T&L、立方环境材质贴图和顶点混合等，而硬体 T&L 技术可以说是 GPU 的标志。现在的图形处理器也已经从固定图形处理流水线发展到可编程图形处理流水线，发生了质的飞跃。GPU 的图形处理流水线完成如下工作。①顶点处理。该阶段 GPU 读取描述二维或三维图形外观的顶点数据，并根据顶点数据确定三维图形的形状及位置关系，建立二维或三维图形的骨架。在支持 DX8 和 DX9 规格的 GPU 中，这些工作由 Vertex Shader（定点着色器）完成。②光栅化计算。显示器实际显示的图像是由像素组成的，需要将上面生成的图形上的点和线通过一定的算法转换到相应的像素点。将一个矢量图形转换为一系列像素点的过程，称为光栅化。③像素处理。这一阶段（在对每个像素进行光栅化处理期间）GPU 完成对像素的计算和处理，从而确定每个像素的最终属性。④完成最终输出。由 ROP（光栅化引擎）最终完成像素的输出，1 帧图像渲染完毕后，被送到显存帧缓冲区。GPU 的工作是完成二维或三维图形的生成，将图形映射到相应的像素点上，对每个像素进行计算，确定最终颜色并完成输出。

其次是多线程实时绘制技术。动态绘制与实时交互是当今图形学研究的热点，针对复杂场景的实时绘制问题，不仅要考虑从磁盘到内存阶段的数据块预调度，而且要考虑在内存中对场景的简化。通过为场景的不同区域建立不同的多分辨率模型技术，来简化绘制的面片数，提高绘制速度。仅从这两个方面进行考虑还是不够的，因为在复杂大规模场景的绘制系统中，图形绘制前的面片简化复杂而费时，显然，先处理数据再绘制的串行操作流程已经无法满足海量面片数据绘制的实时要求。针对这个问题，很多机构采用分布式计算处理和并行显示的思想，基于微机平台提出一种基于 Client/Server 的分布式并行图形绘制模型，使场景数据计算和绘制显示并行进行。

基于上述思想，使用多线程技术，在每个从节点采取绘制线程和数据预调度线程并行处理，真正实现每次绘制场景时，所需的数据已经在内存中，无须等待数据的读入，达到场景显示的流畅和平滑。在传统的操作系统中，进程是系统进行资源分配的单位，也是处理器调度的独立单位，进程在任一时刻只有一个执行控制流，具有这种结构的进程称为单线程进程，但这种结构的进程已经不能适应当今计算机技术的迅猛发展。进程是一个程序关于某个数据集的一次运行，即进程是运行中的程序，进程是一个动态的概念。在操作系统中，进程是进行系统资源分配、调度和管理的最小单位。线程是处理器分配的最小单位。在多线程系统中，一个进程可以由一个或多个线程构成，一个进程对应于一个保存进程映像的虚地址空间，每个线程可以独立运行，有自己的栈、局部变量。实际上线程又经常被看作执行进程。当初始化一个进程时，Windows 总要建立一个主线程，这个主线程在 WinMain 函数中开始执行，直到 WinMain 函数返回。创建多线程的主导思想是尽可能利用 CPU 的时间。

5）网络空间环境数据动态组织调度技术

调度算法是指根据系统的资源分配策略所规定的资源分配算法，对于不同的系统目标，通常采用不同的调度算法。常见的调度算法包括批处理作业调度算法、进程调度算法、空闲分区分配算法、虚拟页式存储管理中的页面置换算法、磁盘调度算法 5 类。

（1）批处理作业调度算法是指对于给定的 n 个作业，根据用户需要和提供的条件，通过指定最佳作业调度方案，尽量满足每个作业用户的需求。常见的批处理作业调度算法有先来先服务（FCFS）调度算法、短作业优先（SPF）调度算法、最高响应比优先（HRN）算法、基于优先数（HPF）调度算法、多级队列调度算法（均衡调度算法）。①先来先服务调度算法就是按照各个作业进入系统的自然次序来调度作业。②短作业优先调度算法就是优先调度并处理短作业，短是指作业的运行时间短。③最高响应比优先算法可以兼顾短作业用户和长作业用户，选择响应比最高的作业优先运行，其中，响应比=1+作业等待时间/作业处理时间。④基于优先数调度算法为每个作业规定一个表示该作业优先级别的整数，当需要将新的作业由输入井调入内存处理时，选择优先数最高的作业。⑤多级队列调度算法将就绪队列分成多个独立队列，每个队列与更低层队列相比，有绝对的优先级。

（2）进程调度算法是指，按一定的策略，动态地把处理机分配给处于就绪队列中的某个进程，使之执行。常见的进程调度算法有先进先出（FIFO）

算法、时间片轮转（RR）算法、最高优先级（HPF）算法、多级队列反馈算法和高响应比优先调度算法。①先进先出算法根据进程到达的先后顺序执行进程，不考虑等待时间和执行时间，会产生“饥饿”现象，属于非抢占式调度，优点是公平、实现简单。②时间片轮转算法给每个进程固定的执行时间，根据进程到达的先后顺序让进程在单位时间片内执行，执行完成后便调度下一个进程执行。时间片轮转调度不考虑进程等待时间和执行时间，属于抢占式调度，优点是兼顾长短作业，缺点是平均等待时间较长、上下文切换较费时，适用于分时系统。③最高优先级算法是在进程等待队列中选择优先级最高的来执行。④多级队列反馈算法将时间片轮转与优先级调度相结合，把进程按优先级分成不同的队列，先按优先级调度，优先级相同的，按时间片轮转。其优点是兼顾长短作业、有较好的响应时间、可行性强，适用于各种作业环境。⑤高响应比优先调度算法根据“响应比=（进程执行时间+进程等待时间）/进程执行时间”这个公式得到的响应比来进行调度。

（3）空闲分区分配算法是指，当接到内存申请时，通过控制内存分配策略，满足不同长度的程序内存需求，包括首先适应算法、最佳适应算法和最坏适应算法。①首先适应算法是指，当接到内存申请时，查找分区说明表，找到第一个满足申请长度的空闲区后，将其分割并分配。此算法简单，可以快速做出分配决定。②最佳适应算法在找到第一个能满足申请长度的最小空闲区后，将其进行分割并分配。此算法最节约空间，其缺点是可能会形成很多很小的空闲分区，称为“碎片”。③最坏适应算法是找到能满足申请要求的最大的空闲区。该算法的优点是避免形成“碎片”，缺点是分割了大的空闲区后，无法满足较大程序的内存申请。

（4）虚拟页式存储管理中的页面置换算法是指，当发生页面中断时，通过一定的规则、策略选择淘汰某个页面，为即将调入的页面让出空间。常用的页面置换算法有理想页面置换算法（OPT）、先进先出（FIFO）页面置换算法、最近最久未使用（LRU）算法、最少使用（LFU）算法。①理想页面置换算法是一种理想的算法，在实际中不可能实现。该算法的思想如下：当发生缺页时，选择以后永不使用或在最长时间内不再被访问的内存页面予以淘汰。②先进先出页面置换算法是选择最先进入内存的页面予以淘汰。③最近最久未使用算法选择在最近一段时间内最久没有使用过的页，将其淘汰。④最少使用算法选择到当前时间为止被访问次数最少的页转换。

（5）磁盘调度算法是指，当多个进程发送请求的速度超过磁盘响应速度时，通过一定的策略为每个磁盘设备建立一个等待队列，控制磁盘的响应顺序，包括先来先服务（FCFS）算法、最短寻道时间优先（SSTF）算法、扫描（SCAN）算法或电梯调度算法、循环扫描（CSCAN）算法。①先来先服务算法按请求访问者的先后次序启动磁盘驱动器，而不考虑它们要访问的物理位置。②最短寻道时间优先算法选择调度处理的磁道是与当前磁头所在磁道距离最近的磁道，以达到时间最短的目的。③扫描算法或电梯调度算法，在磁头当前移动方向上，选择与当前磁头所在磁道距离最近的请求作为下一次服务的对象。在这种调度方法下，磁头的移动类似于电梯的调度，所以扫描算法也称为电梯调度算法。④循环扫描算法是在扫描算法的基础上改进的。磁头改为单向移动、由外向里，返回时直接快速移动至起始端而不服务任何请求。

LRU 算法为当前常用的页面置换算法，它根据数据的历史访问记录来判断应淘汰哪部分数据，其核心思想是“如果数据最近未被访问过，那么将来被访问的概率不会太高”，符合内存面片数据管理需求。常见的 LRU 算法使用一个链表来保存缓存数据，新数据来时将其保存在链表头部，当缓存命中（缓存数据被访问）时，将该页移至链表头部，未命中且缓存满时则进行替换操作：将链表尾部节点删除，即删除使用最少的数据。

单纯使用 LRU 算法会存在一个问题，就是当存在热点数据（短时间内被访问频率高的数据）时，LRU 算法具有较高的访问命中率，程序使用该策略读取数据的速度也较快。但是，当面临偶发性和周期性的批量操作时，LRU 算法的效率急剧下降，数据的读取速度也相应下降，为了从一定程度上解决该问题，可采用 LRU 算法的一个变种算法——2Q（Two Queens）算法。

相比单纯的 LRU 算法，2Q 算法解决命中率降低的方法是多维护一个使用 FIFO 规则的队列来作为历史数据列表，并且结合二次机会页面替换算法（The Second Chance Page Replacement Algorithm）的思想。当面片第一次被访问时，算法将其存入 FIFO 队列中，若此后该面片一直未被访问，则最终按照 FIFO 规则进行淘汰。若数据在 FIFO 队列中再次被访问，则将其移至 LRU 队列的头部，而在 LRU 队列中数据被再次访问，则同样按 LRU 规则将其移至队列头部。当数据从 FIFO 队列中被引入至新的 LRU 队列中，导致 LRU 队列溢出时，则淘汰 LRU 队尾面片，完成数据替换，具体流程如图 4-12 所示。

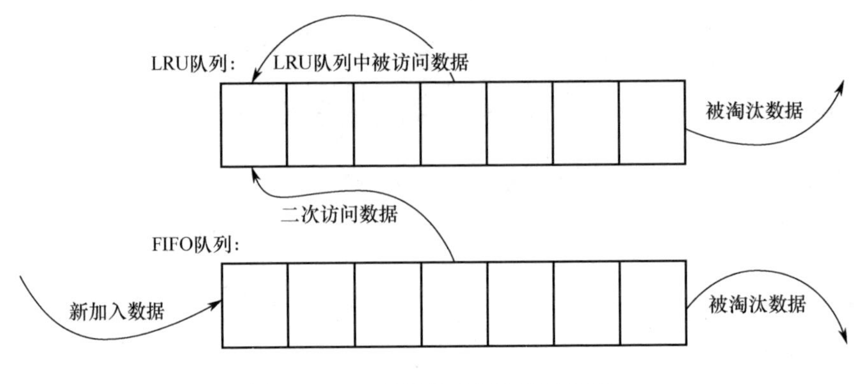

图 4-12　2Q 算法数据调度算法流程

这样，当偶发性数据被加载入内存时，会被存入 FIFO 队列，并且由于其非热点，数据会被慢慢移出队列，而真正的热点数据（较短时间内被访问两次以上）则会被存入 LRU 队列以供使用，从而达到尽可能提高内存利用率的目的。接下来是剖分后的面片数据组织与动态调度。大规模的网络空间态势数据经过预处理和剖分之后，产生大量的剖分面片，以及相关的面片标识和索引数据。为了支持可视化原型系统的动态、实时、有效展示，需要对剖分后的面片数据进行组织与动态调度。在此基础上，高性能的数据组织和动态调度算法，能够控制可视化原型系统的内存使用量，当内存中的数据量达到某一阈值时，淘汰不活跃的数据，从而控制内存占用，提高内存使用效率和数据调度渲染速率，以确保网络空间态势数据呈现的实时性。

3. 多源异构网络空间环境数据剖分、标识与检索关键技术

围绕大规模网络空间态势数据的可视化需求，针对海量、动态、多源网络空间态势数据引发的网络空间态势数据剖分处理和组织调度等技术问题，突破逻辑空间与地理空间的映射模型构建技术、网络空间态势数据高性能组

织与动态调度技术及网格空间态势数据剖分、标识和索引构建技术等关键技术，构建一套面向海量多元网络空间态势数据的剖分处理原型系统，需要以下几个方面的研究内容，如图 4-13 所示。

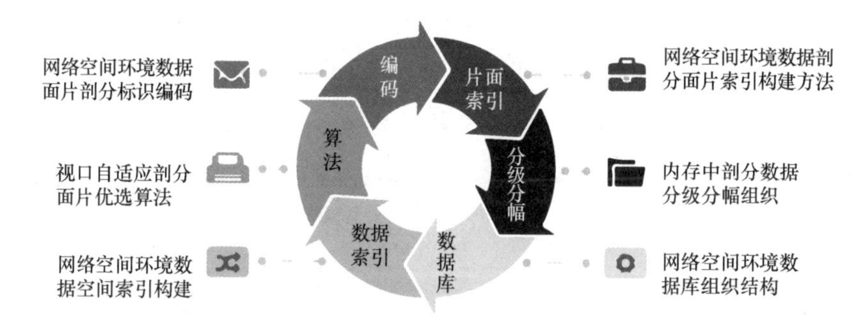

图 4-13　多源异构网络空间环境数据剖分、标识与检索关键技术

1）网络空间环境数据面片剖分标识编码

网络空间态势数据剖分需要以业务特征为依据，对网络态势数据进行分类、分级、分片，形成逻辑空间—地理空间映射模型，从而映射到划分好的面片之上，实现非均质网络空间态势数据的快速调度。因此，对态势面片的剖分、检索效率就显得尤为重要。只有实现快速的态势面片剖分检索，才能保证网络空间态势数据的高效剖分显示。综合考虑到网络空间态势数据业务属性特征，在网络空间态势数据分类工作的基础上，结合数据权重分析法确定态势因子权重，判定各类网络空间要素的显示优先层级；研究网络空间态势数据与地理位置的映射关系，基于经纬网的平面剖分方法，确定网络空间态势数据的 IP 地址或地理坐标，再结合深度剖分的分类级别和显示比例尺的映射关系，兼顾屏幕可容纳的要素数量极限，形成全球剖分网格，构建剖分网格逻辑空间—地理空间映射模型，进行网络空间态势数据的面片访问和索引构建。

2）网络空间环境数据剖分面片索引构建方法

为了提高面片索引调度效率，以及可视化调度的速率，需要研究一种具有良好可扩展性的辅助索引机制。在所需面片即将被调度或者预期被使用时，就对相应面片进行寻址，找到该面片的存储位置，将其载入内存，在需要时，可以更快地将该面片加载显示到网络空间态势图层的视口范围之内。因此，研究一种合理的面片索引构建方法，对提高系统数据的剖分加载速度将会有较大的帮助。在此基础上，采取分布式的基于B+树的面片索引方法，以分片位图索引的方式对面片进行检索。该索引结构能够充分发挥现代计算机执行位图逻辑运算的优势。通过使用分布式索引存储方法，大规模索引结构得到了有效管理。属性值的全局排序使在索引上进行并发检索的代价降低，从而有利于查询吞吐量的提升。

3）内存中剖分数据分级分幅组织

（1）基于内存池（Memory Pool）的数据存储。网络空间态势可视化原型系统在运行过程中发生地理底图平移时，需要跨越网格并重新加载面片数据。首先，根据窗口定位计算得出面片的索引值，以查找该数据面片的存储信息。传统设计方式是，每次需要加载新数据面片时，都向系统申请相应的内存空间，再将剖分面片数据读入内存中，然后交付给可视化系统的其他模块使用。当前数据面片使用完成之后，其占用的内存空间就会被释放掉。由于数据面片的大小不固定，因此系统需要耗费大量时间来查找大小合适的内存块。此外，频繁地向系统申请与释放内存，容易造成大量的内存碎片；而将数据读入内存进行频繁的数据库访问还会导致运行速度受到很大的影响。长时间运行后，整个系统的实时性和稳定性将难以得到保证。内存池机制可以有效地解决传统设计中存在的性能缺陷。内存池会事先分配好一个通用内存，缓冲区用于存放数据面片，可以避免频繁的内存申请和释放。在可视化系统运行过程中，将某些经常会被使用的剖分面片数据预留在内存池中，从而尽可能减少从数据库中读取面片数据，也就解决了频繁访问数据库及频繁释放和分配内存的耗时问题。

（2）基于剖分标识的数据分级分幅组织。多源异构网络空间态势数据剖分标识包括 3 部分：分类标识、分级标识和分幅标识，编码由 9 位十进制数字组成，其中，前两位存储该面片的数据分类剖分标识，第 3 位存储该面片的数据分级标识，最后 6 位分别存储该面片在此比例尺级别下的唯一标识，前 3 位存储纵向编号，后 3 位存储横向编号。剖分标识稳定可靠，具有全局唯一性，因此，基于剖分标识进行内存数据的分级分幅组织便于数据检索、加载和显示。为了便于后续内存中网络空间态势数据的快速动态调度，可以将内存中的态势数据分为面片数据集、面片和要素 3 级。面片数据集按照分类体系进行网络空间态势数据分层的结果，每个图层对应一个面片数据集，可以根据用户需求选择不同主题的图层进行显示，面片数据集包括面片集合和图层标识两部分内容；面片由面片内涵盖的点或线要素集合和面片标识组成；要素包括几何信息和属性信息。网络空间态势数据具备类别众多、动态多变、数据结构复杂多样、数据具有非确定性等特征，网络空间安全态势可视化的主要方式类似于地理空间矢量数据的可视化，大部分网络安全公司都基于 GIS 在地理空间中展示网络安全态势数据的分布。

4）网络空间环境数据库组织结构

（1）多源异构网络空间态势数据分层。网络空间态势数据具有类别多、量大、重复性和不确定性高、表示和存储形式各异等特点，需要通过一系列分类方法对网络空间态势数据进行分类，将多源异构、重复交叉、冲突不一致的网络空间态势数据整合为相对稳定、标准的态势数据库，实现数据可用。根据数据分类结果，研究安全事件、网络拓扑、漏洞、安全威胁、防御力量等 10 类态势数据的剖分和展示，为支持用户基于主题的按需展示和态势数据分图层展示功能，兼顾跨网跨图层关联情况，设计多源异构网络空间态势数据分层存储的数据库结构，包括基础节点表、连接关系表、各图层属性信息表和相关的字典表。

（2）网络空间态势数据级别和图幅划分。基于权重分析法和经纬网的网络空间态势数据剖分技术，实现了网络空间态势数据深度剖分和平面剖分，确定网络空间态势数据的显示优先级别和面片编号。对网络空间中的所有点和线要素进行剖分后，每个要素都具备瞬时唯一的显示优先级和面片行列号，类似于矢量数据的几何信息，具有普遍性和唯一性。根据当前态势图的比例尺级别及视口区域可以判定点或线要素是否需要加载和展示，进而实现网络空间态势数据的分级分幅显示。

5）网络空间环境数据空间索引构建

为提升海量网络空间态势数据检索、加载及显示速率，缩短网络空间态势数据访问时间，需要对网络空间态势数据建立索引，确保图元数据的快速读取。由于网络空间态势数据的展示主要采用矢量节点和链接关系两种几何要素，节点属于一维几何要素，线属于二维几何要素，不同维度的要素可以采用不同的索引方式，以减少冗余、加快数据检索，满足上层数据组织调度对面片数据快速存取的需要。

（1）网络空间态势数据节点要素的网格索引构建方法。网络空间存在大量的节点要素，基于经纬网的网络空间态势数据平面剖分，根本上就是为海量节点要素建立网格索引的过程。如果不建立这种网格空间索引，任何态势图操作都将对整个网络空间的节点要素进行一次遍历，如果是 10 万个节点，就要进行 10 万次 for 循环，建立索引可以大幅减少循环次数，提高检索效率。

（2）网络空间态势数据线要素改进四叉树索引的构建方法。由于网络空间中的链接关系都是节点关联产生的，当对线要素建立网格索引时，一条线的引用在多个网格中都有记录，产生多个索引值，存在索引的冗余，影响检索效率，因此，对于线要素需要采用其他索引方式进行索引构建。研究普通四叉树对于线要素引用存在的弊端，为了减少索引冗余，在普通四叉树索引的基础上进行改进，采用完全包含线要素最小外包矩形（MBR）的最小四分区域作为该要素的索引项。在进行视口矩形判断时，兼顾线关联节点要素的存在性和可见性，判断是否需要显示当前线要素。通过索引构建使面片数据具有较好的安全性和可访问性，以及较低的访问时延，为后续面片数据的快速读取和动态调度提供先决条件。

6）视口自适应剖分面片优选算法

根据网络空间态势数据体系，将重点研究安全事件数据、网络拓扑数据、漏洞数据、安全威胁数据、防御力量数据等 10 类数据分图层显示，因此，基于视口的面片检索，需要先筛选可见的图层，从可见图层中按图层分别检索出视口矩形覆盖的面片行列号，将不同图层的面片加载到提前分配的对应内存中。根据视口属性，可以判断视口范围、当前显示比例尺等信息，视口范围用来检索面片编号；当前显示比例尺确定了需要叠加的不同比例尺级别的面片内容。综合考虑网络空间态势数据业务属性特征，在网络空间态势数据分类工作和网络空间态势数据剖分处理的基础上，从态势语义、显示级别等多个维度对数据集的视口范围进行约束，实现视口自适应剖分面片优选算法。

第五章

网络空间环境的安全困境

5

一、网络空间环境现状：安全面临巨大挑战

网络技术的发展为人类社会构建了全新的活动空间。随着网络空间逐步成为新的价值高地，网络空间环境的重要性已经不言而喻。就如同人类不断开发现实世界的环境引发多种多样的环境恶化问题一样，网络空间环境的安全问题随着人类的踏足也在日益突出。从主体角度看，破坏网络空间环境的人，逐步从炫耀计算机天才和技术、追逐某种情怀和认可的零星黑客，发展到有组织、有目的、追求非法利益、日益专业化的犯罪团体，进一步建成高级持续性威胁（APT）组织，甚至是有政府在背后支持的 APT 组织。从被攻击的目标来看，网络空间环境安全已经遍布现实生活的各个领域，如金融领域的网络盗窃、军事领域的网络攻击、关键基础设施领域的功能破坏、政治外交领域的网络博弈，以及涉及生活琐事的网络黑产、个人数据泄露等。从攻击的种类和手段来看，网络空间环境安全日趋复杂、复合，例如，随着社交软件已经成为网络犯罪的重要工具和阵地，网络犯罪年年持续递增，影响越来越大，已经成为许多国家第一大犯罪类型。重大网络数据泄露事件频繁发生，社会破坏性越来越大，对保障个人隐私、商业秘密和国家安全都造成了极大的消极影响。网络恐怖主义加速蔓延，恐怖主义利用互联网内外遥相

呼应，对各国安全造成了巨大威胁。另外，随着互联网向物联网领域的拓展，网络安全问题延伸到了经济、社会的各个领域，未来网络安全问题将像突发火情一样无处不在（见附录 A）。加强网络空间治理，打击网络犯罪和网络恐怖主义，携手共同应对全球网络安全问题，将成为未来世界共同发展的重要议题。

1. 网络空间环境下，安全观应该更加立体全面

2021 年 5 月 7 日，美国最大的燃油管道商 Colonial Pipeline 遭到勒索软件的攻击，美国东部的亚拉巴马州、阿肯色州、哥伦比亚特区、宾夕法尼亚州、南卡罗来纳州等 17 个州均受影响，美国交通部联邦汽车运输安全管理局因此宣布多个州进入紧急状态。这是美国历史上首次因网络空间安全事件宣布进入紧急状态，可见该事件对美国社会运转造成了重大影响。据了解，总部设于佐治亚州的 Colonial Pipeline 公司拥有美国最大的精炼油管道系统，负责美国东岸 45%以上的燃料供应，每天运送多达 3.78 亿升的汽油、柴油、航空煤油与家用燃料油品，同时负责美国 7 个机场的燃油供应。图 5-1 所示为燃油管道商 Colonial Pipeline 的输油管。网络攻击事件导致该公司暂停了所有的管道作业网络，为了预防事态进一步扩大，该公司主动将关键系统脱机，以避免勒索软件的感染范围持续蔓延，并聘请了第三方安全公司进行调查。FBI、美国能源部、网络安全与基础设施安全局等多个联邦机构一起参与了事件调查。2021 年 5 月 10 日，美国联邦调查局正式确认犯罪组织 DarkSide 对入侵 Colonial Pipeline 网络事件负责，并表示将继续与该公司和其他政府机构合作开展调查。5 月 12 日，拜登签署《改善国家网络安全行政令》（*Executive Order on Improving the Nation's Cybersecurity*），明确网络事件的预防、响应、评估和

修复是保障国家和经济安全的首要任务和必要条件。

图 5-1　燃油管道商 Colonial Pipeline 的输油管

这次发生在美国的网络安全事件，可以说是近年来网络空间领域安全事件频繁出现、攻击形式变化多端的一个集中体现。当前，事件的施加者、美国国内受到的影响及消除这些影响所付出的成本，都仍在评估之中，但不容否认的是，网络空间环境的安全已经面临日益严峻的挑战，其对现实社会带来的影响更加不容忽视。

我国作为网络大国，对网络空间安全的认知和理解日益深刻，并随之出台了诸多配套举措。2021 年召开的“两会”审议通过了《中华人民共和国国民经济和社会发展第十四个五年规划和 2035 年远景目标纲要》（以下简称《纲要》），随着我国进入高质量发展阶段，深化改革、从“追求数量”转向“高质量发展”将成为主流发展模式。在网络空间环境的安全层面，国家与政府的重视程度越来越高、越来越立体全面，提出将网络安全作为基础保障能力，定位为国家安全战略，其重要性不言而喻。《纲要》提出，网络安全是现代化强国的重要基础，现代化发展离不开网络安全，无论是产业升级、产业链打通，还是供应链多元，都离不开安全、可靠、高效运行的网络，网络空间环境的安全在现代化发展过程中起着关键的保障作用。同时，网络安全还是数字化建设的重要内容。在数字化时代，无论是宏观的数字经济、数字社会、数字政府的建设，还是具体到现实社会中与个人生活息息相关的数据信息，都将更加广泛地应用数据、网络的数字技术；无论是宏观的数字安全还是个人的信息保护，未来数据的潜能都将进一步被激发，网络空间环境将更加重要，其中人工智能、大数据、区块链、云计算等新技术也将逐步走进人们的生活，成为网络空间环境下，与网络安全密不可分的重要一环，并将与网络安全相互促进和协同发展。基于这个认知，《纲要》提到"培育壮大人工智能、大数据、区块链、云计算、网络安全等新兴数字产业""健全国家网络安全法律法规""加强网络安全关键技术研发""提升网络安全产业综合竞争力"等战略布局，从基础设施、法律规范、关键技术和产业安全等不同角度，在战略高度上提升网络安全与数字技术的重要性。

网络空间环境的建设，已经成为当前形势下虚拟空间的新基建，网络空间环境的安全关系到国家的整体安全。在网络空间环境下，国家的安全观也随之有了进一步拓展，一方面，网络安全成为不可或缺的重要组成部分；另一方面，网络空间安全更成为重要的国家安全能力。从重要性角度来讲，自从世界进入网络空间时代，一些网络大国强国已经意识到网络空间安全的重要性，构建出一套服务自身安全战略的概念，通常这个概念是立体全面的，不仅包含传统理解上的"窃取情报""经济案件"等，还包括当前十分值得警惕的"网上舆情""网络间谍"等网络空间环境下的新形式的安全隐患。从安全能力角度讲，保障网络空间环境的安全是建设更高水平社会安全的重要屏障。总体来看，当前社会的运行对网络设施依赖性大幅度提升，网络空间安全带来的风险更为严重，一个国家要维护社会稳定运行，必须有与其国力匹配的维护网络安全的实力；同时，网络的普及，导致网络空间与现实社会连接的节点剧增，安全隐患暴露面增加，危险的防御难度加大，对国家维护安全的实力也提出更高的要求。除此之外，针对某些特定的重点目标，如重点能源设施、重要基础设施等，以及在特殊时段的重点目标，如新冠肺炎疫情期间的医疗体系等，其安全风险加大，被攻击之后会影响社会民生，产生严重的不良效应，对安全治理形成极大的考验。网络空间安全事件的后果可能会连带引发其他的传统安全和非传统安全风险。例如，在新冠肺炎疫情期间，医疗科技企业的影像检测技术被入侵窃取，后被黑客在暗网上售卖，这就是典型的网络安全风险转化为科技安全风险；突发的网络安全事件可能占用大量的相关公共安全技术人力与资源，导致公共安全资源的挤兑效应，影响社会的高效运行。

2. 网络空间环境安全的界定

当前网络空间面临的安全挑战，在一定程度上来源于人类存在空间结构的巨大变化。也就是说，网络空间这一新的生存环境，在给人们带来利益的同时，也在安全方面提出了前所未有的挑战，而网络空间结合实在性与虚拟性两个特征，人类活动的特质在网络空间中是现实存在的，现实社会中面临的安全问题，同样也会投射到网络空间环境。维护网络空间环境安全已经成为人们的共识，在现实中，世界各国特别是网络强国，已经在维护网络安全领域进行了大量探索和实践。在对网络空间安全的界定上，美国国家标准与技术研究院（NIST）于 2014 年出台的《增强关键基础设施网络安全框架》

中给出的定义如下：网络空间安全是通过预防、检测和响应攻击以保护信息的过程，这个过程由危险识别、网络保护、入侵检测、应对响应、设施恢复 5 个环节组成，提醒相关网络管理和使用部门以此为指导，提高网络空间安全的管理能力，如图 5-2 所示。

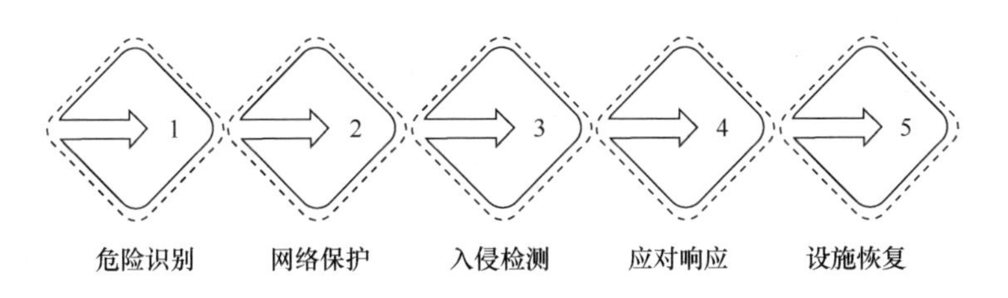

图 5-2　NIST 给出的网络空间安全内容

俄罗斯联邦政府于 2014 年出台的《网络安全战略构想》中指出，网络空间安全是所有网络空间组成部分处在避免潜在威胁及其后果影响的各种条件的总和。相对于美国国家标准技术研究所的定义，俄罗斯给出的概念更为宽泛，涉及了所有可能对网络空间安全构成影响的因素。英国于 2009 年出台的《网络安全战略》指出，网络空间安全包括在网络空间对本国利益的保护和利用网络空间带来的机遇实现英国安全政策的广泛化，英国的概念更注重网络空间领域的利益保护和政策实施。法国于 2011 年出台的《信息系统防御和安全战略》指出，网络空间安全是信息系统的理想模式，可以抵御任何来自网络空间的可能对系统提供的或能够实现的存储、处理或传递的数据和相关服务的可用性、完整性或机密性造成损害的威胁。这是一个比较全面的概念，从网络空间的性能完整和系统运行角度，对网络空间安全提出了标准界定。德国于 2011 年出台的《网络安全战略》中指出，网络空间安全是大家所期待实现的 IT 安全目标，即将网络空间的风险降到最低限度。新西兰于 2011 年出台的《网络安全战略》认为，由网络构成的网络空间要尽可能保证安全，防范入侵，保持信息的机密性、可用性和完整性，检测确实发生的入侵事件，并及时响应和恢复网络。

总体来看，各国对网络空间安全的描述，有的侧重于针对网络攻击的应对反击，有的侧重于信息安全，有的侧重于系统完整和顺利运行。抛开理论层面的探索，从现实情况出发，近年来的网络空间安全形势已经日益严峻，面临的安全威胁也日益突出，并体现出以下几个显著特点，如图 5-3 所示。

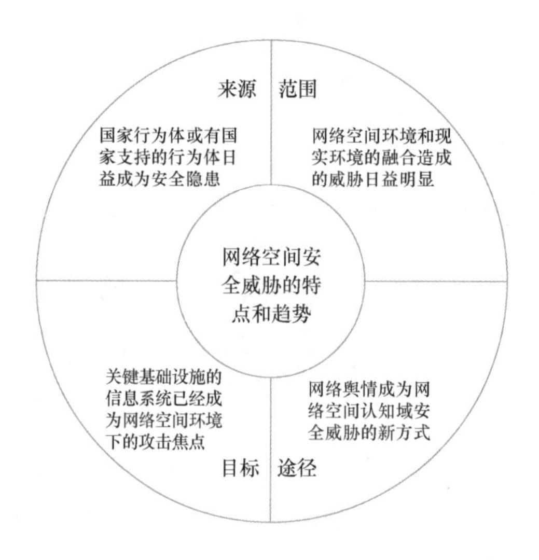

图 5-3　网络空间环境安全威胁的特点和趋势

一是从威胁来源讲，国家行为体或有国家支持的行为体日益成为安全隐患的重要来源。也就是说，网络空间安全日益成为国家间利益博弈的新场所。例如，棱镜计划、乌克兰危机、索尼影业受到入侵等重大安全事件的背后，都有国家或国家代理人的参与，甚至是国家直接主导了网络攻击事件。其中，2014 年 11 月，美国索尼影业遭到黑客攻击，美国联邦调查局指控朝鲜为攻击的幕后主谋，随后引发美国相关机构的报复行为，导致朝鲜网络数次瘫痪，并逐渐发酵成一起国际政治事件。2019 年 3 月 7 日，委内瑞拉遭遇了该国史上最大规模的停电，23 个州中仅有 5 个州未受波及，事后委内瑞拉政府分析，这一行为是美国在对委内瑞拉发动“能源战争”，其从互联网上对委内瑞拉使用类似于“蠕虫”的网络病毒武器，导致该国发电设施和供电设施大多停转。

二是从威胁范围来讲，网络空间环境和现实环境的融合威胁日益明显。随着网络的普及，网络空间环境和现实环境已经日益融合，形成“你中有我、我中有你”的局面。现实中的软硬件设备在工业化和信息化环境下具有高度的同构性，导致安全漏洞具有极强的辐射效应，突破了传统攻击性武器在地域和空间的限制，能够实现大规模破坏力量的瞬间扩散。例如，2010 年伊朗核电站遭遇“震网”病毒事件，被攻击的是工控设备，全世界范围内采用该类工控设备的重要系统，将即刻面临同样严重的安全危机，融合威胁的趋势日益明显。

三是从威胁目标来讲，关键基础设施的信息系统已经成为网络空间环境下的攻击重点。关键基础设施的正常运行保障了整个社会的平衡有序运转，同时，随着信息网络化的日益提升，若受到网络安全威胁，其影响范围和后果也更严重。其中，以金融、电信、电力、水利、公共交通等行业为代表的关键基础设施和重要信息系统，可以说是关系到国计民生的关键基础设施，其安全的重要性不言而喻。例如，2013 年，隶属于美国陆军工程兵团的美国国家水坝数据库遭到黑客入侵，该数据库包括了美国大约 8100 个重要水坝的敏感信息，此事件引起美方的高度关注，人们担心类似攻击模式可能成为敌对国家或势力甚至是恐怖组织针对电力网络、水坝网络等关键基础设施的新的攻击模式。

四是从威胁途径来讲，网络舆情成为网络空间认知域安全威胁的新方式。网络空间时代，社交网络已经成为人们互相交往、获取信息、发表意见的新平台，形成网络空间的认知域。这个平台含有大量数据，同时承载着人们的思想、意见，对现实社会的舆论倾向也有很重要的引导作用，成为当前社会运行体系中数据交换链的薄弱环节和攻击的重灾区。例如，2013 年，黑客入侵了美联社官方 Twitter 账号，并发布“白宫发生爆炸，奥巴马受伤”的假消息，一度引发美国股市大幅振荡，美股暴跌，损失约 2000 亿美元。

二、
网络空间环境威胁：分层理解网络空间环境中的安全威胁

安全是有层次的，如上文所述，网络空间环境的安全，可从多个角度进行描述与呈现。本书将网络空间环境划分为物理基础、逻辑网络、实践空间和融合通道 4 个层，这 4 个层构成网络空间环境的主框架，同时每个层在现实中都面临不同的安全威胁，而且各有侧重。

1. 物理基础层面临的安全威胁

物理基础层指的是网络空间环境赖以存在的实体硬件和物理网络基础，以及该实体硬件和物理网络基础所处的地理位置。物理基础层可以理解为网络空间环境整体架构的地基，要确保计算机网络系统的安全、可靠、稳定运行，一个具备安全物理环境的地基是必不可少的重要环节，甚至是整个网络空间安全的前提。

网络空间物理基础层的安全，根据“由远及近、由外及内”的顺序，可包括场地环境安全、机房环境安全、硬件系统安全和移动介质安全 4 大类。①场地环境安全主要是指一个网络系统的节点所处的外部环境安全性，从自然条件讲，包括天气情况、气候条件、自然灾害等；从人为条件讲，包括周边建筑、场地电磁干扰、场地噪声情况等。②机房环境安全主要是指信息系统或网络节点所在机房的内部安全防护，是指针对机房所在环境的物理灾害与伤害的预防与救护，以及防止未授权的个人或团体破坏、篡改或盗窃网络设施、重要数据而采取的安全措施和对策。③硬件系统安全是指对计算机、服务器、路由器等网络设备硬件有影响的安全环境条件，包括机房内的温度、湿度、空气洁净度、腐蚀度等多方面因素。④移动介质安全主要是指脱离系统内部的存储、传递介质，在存储和传递信息时所需要的安全保护。

网络空间环境所面临的威胁，可分为一般威胁、人为破坏和军事对抗威胁 3 类。

一般威胁是指机房所在环境可能面临的物理伤害或自然灾害等。例如，建立信息系统或者网络节点的机房选址，在按一般建筑物选址要求的基础上，还需要结合网络空间环境的特殊性，增加考虑强电场、强磁场、易发生火灾、潮湿、易遭受雷击和重度环境污染的地区，避免网络基础受到损害。考虑到火情和水情对电子设备的影响，机房的建筑材料应具备合格的耐火等级，同时配备灭火工具；配备防水装置，水管不得穿过屋顶和活动地板，穿过墙壁和楼板的水管应使用套管，并采取可靠的密封措施，同时应配备有效的防止给水、排水、雨水通过屋顶和墙壁漫溢和渗漏的措施。在用电安全方面，为保证连续顺畅工作不受影响，机房的供电容量应具有一定的余量，并确保机房供电电源电量充足。在保证电量充足的基础上，还要进一步关注用电安全，机房的供电系统应将信息系统设备供电线路与其他供电线路分开设置，并配备相应的告警装置，确保信息系统的供电质量。此外，还要防止静电伤害。在防止自然灾害方面，为防止雷电等的伤害，在建筑物屋顶上不得铺设电源或信号线路，避免雷击。在防盗、防毁方面，机房应装防护窗、防盗门，或设立 24 小时值班制度，以防物品被盗、被毁；严格控制机房的出入口，信息系统机房作为整个物理环境中最重要的部分，应该设定相应的管理制度。关于介质安全，对有用数据的记录介质应采取一定措施防止被盗、被毁和受损，对于磁性介质应该有防止介质被磁化措施，同时应做好存储信息的保密措施，如对于应该删除和销毁的有用数据，在没有被删除和销毁之前应该有一定的防止被非法复制的措施。

人为破坏是指无意、有意或恶意针对信息系统或网络节点的物理基础层实施的破坏，包括人为操作失误、计算机犯罪行为导致的破坏过程等。其中，关于无意识地破坏信息系统物理基础层的安全，主要来源于人们安全意识的缺失。世界头号黑客凯文·米特尼克（Kevin Mitnick）曾说过，“最擅长发现的漏洞不是技术问题，而是人性的弱点”“人为因素才是安全的软肋”。在他的畅销书《欺骗的艺术：控制安全的人为因素》中，凯文·米特尼克表示人才是安全方面最薄弱的环节，而不是技术，书中还揭示了一个事实——即使没有先进的黑客工具，利用社工手段也可能导致企业大规模违规和数据泄露，而社工手段最终能够成功，依赖的正是相关工作人员防护和保密意识的薄弱。在很多情况下，网络安全事件是由恶意或者无意的人为错误引起的。IBM 的一项研究显示，人为错误导致的破坏是 95%的网络安全事件或潜在危险的主要原因。特别是涉及社会民生关键基础设施工作的人员，如果缺乏安全防范意识，因无意而造成网络系统受损，可能会带来不可估计的损失。

军事对抗威胁是指，以军事网络为目标实施的物理破坏，或者使用军事力量对一些重点网络目标进行的物理层面的破坏。随着国家利益、军事利益逐渐延伸至网络空间环境，各国通过网络手段进行对抗的频率和烈度也在上升，网络战悄然兴起。在网络空间环境物理基础层方面，那些传统的军事要害设施、军事网络基础设施等，逐渐成为威胁高发的目标。网络空间环境本身是一个虚拟场景，无论是“在网络空间作战”还是“利用网络空间作战”，作战的根本目的仍是造成实体毁伤，或将网络伤害延伸至现实世界。这一任务多由网络空间执行特战任务的人员完成。例如，2010 年大规模暴发的“震网”病毒事件，就是通过社会工程学方式，利用网络特战手段，将病毒从互联网侧投放到伊朗核设施设备供应商内部网络，之后通过设备供应商的计算机或者 U 盘，感染整个工控体系网络，最终造成伊朗核设施遭受巨大损伤。据多家媒体披露，“震网”病毒是美国和以色列“工控系统专家和病毒开发人员”联合协同研发的一款“武器”。针对伊朗核设施所使用的德国产西门子工控系统，美国和以色列情报部门首先对其进行了全面剖析，掌握了各种控制器件的拓扑结构和指控传输方式，为病毒的摆渡传播奠定了基础；此后，通过间谍手段截获了利比亚同款离心机并进行内部拆解研究，开发针对性的破坏病毒代码，为病毒武器能够实质发挥作用提供了试验和效果验证目标环境。在完成“病毒”的制作后，就进入了投放阶段。据媒体报道，“震网”病毒的投放，是通过一名伊朗核设施雇用的内部工作人员完成的，这名工作人员，是在美国中央情报局和以色列情报机构摩萨德的要求下，由荷兰情报机构招募的一名伊朗工程师，这名工程师提供了关键数据，并在需要使用 USB 闪存驱动器将“震网”病毒植入这些系统时，提供了急需的内部访问，从而使“震网”病毒利用工控系统漏洞实现了对隔离网站的进一步入侵与破坏攻击。图 5-4 所示为伊朗纳坦兹燃料浓缩厂的鸟瞰图。在网络空间技术不断发展的历史上，出现过大量典型的安全事件，但“震网”病毒事件被视为具有里程碑意义的巨大威胁事件，这是因为“震网”病毒事件首次实现了网络空间环境内的攻击向实体空间的破坏效果溢出，是第一个以现实世界中的关键军事基础设施为目标的恶意攻击案例，并达到了预设的攻击目标，为国家行为体之间在网络空间内的威胁与制衡提供了新的手段，可以说它标志着世界不同利益集团之间的军事对抗进入了网络战的新阶段。

图 5-4　伊朗纳坦兹燃料浓缩厂的鸟瞰图

2. 逻辑网络层面临的安全威胁

网络运行的核心是逻辑，各种协议或程序通过不同的逻辑形式完成其功能。逻辑结构的不完善，给网络空间留下了漏洞，制造了安全威胁的温床。具体来说，漏洞指的是一个网络环境系统上的硬件、软件、协议、程序等具体实现系统操作功能和维护安全运行策略上存在的缺陷或弱点，使整个逻辑网络层受到特定的威胁、攻击或使潜在风险成为可能。可以说，漏洞是网络空间环境的逻辑网络层受到威胁的最大武器，它可能被无意、有意或恶意利用，使攻击者能够在未授权的情况下访问或破坏特定系统，从而对一个逻辑网络层的安全运行造成不利影响，如信息系统被攻击或控制、重要数据资料被窃取、用户信息被篡改、系统被作为入侵其他主机系统的跳板等。

漏洞与网络空间环境的发展可以说是一种伴生关系，它存在于网络技术发展的整个过程中，目前还没有一个系统、一个软件或一个逻辑体系是完美无缺、天衣无缝的，无论是当前应用最为广泛的 Microsoft Windows 操作系统，还是被公认为最优秀工程师设计打造的 iOS 操作系统，甚至是最普遍使用的智能手机 Android 操作系统，在经过专业团队设计、庞大用户群体使用和检验的情况下，漏洞仍然层出不穷，用户需要根据情况不时进行下载更新、升级和打补丁。在逻辑网络层，连接的网络节点数量庞大，运行的系统和软件数不胜数，而存在的漏洞更是无处不在，给各类攻击者留下了可乘之机。可以说，逻辑网络层面临的安全威胁，是当前网络空间环境下最为普遍、最为典型的安全威胁，甚至当我们提及网络安全时，首先映入脑海的就是漏洞这一逻辑网络层的威胁与攻击。

逻辑网络层的威胁与攻击已经日益成为一种网络空间环境下的日常。统计显示，2020 年上半年，国家信息安全漏洞共享平台（CNVD）收录通用型安全漏洞 11073 个，同比大幅增长 89.0%。其中，高危漏洞收录数量为 4280 个（占 38.7%），同比大幅增长 108.3%；“零日”漏洞收录数量为 4582 个（占 41.4%），同比大幅增长 80.7%。安全漏洞主要涵盖的厂商或平台为谷歌（Google）、WordPress、甲骨文（Oracle）等。按影响对象分类统计，排名前 3 位的是应用程序漏洞（占 48.5%）、Web 应用漏洞（占 26.5%）、操作系统漏洞（占 10.0%）。2020 年上半年，CNVD 处置涉及政府机构、重要信息系统等网络安全漏洞事件近 1.5 万起[1]。不难看出，随着网络的极速扩张，逻辑网络层的漏洞也在网络扩张的同时不断呈现出来，成为吸引网络非法行为的温床，同是也成为网络空间治理的难点。同时，网络的公开性，也是漏洞泛滥、网络攻击屡禁不绝的重要原因，从普通民众角度来说，部分博客、论坛和开源网站对网络攻击技术有比较详细、全面的描述，普通人获得网络攻击方法和工具的途径越来越开放和简单，攻击成本也大大降低。

由于逻辑网络层的攻击行为和安全威胁始终与网络的发展相伴生，因此，人们对攻击威胁的研究起步也比较早。但网络攻击具有不确定性、多样性，以及随着网络空间发展而不断变化的迭代复杂性等特点，很难有一种通用的分类方法可以覆盖所有的网络威胁情况并明确其类别。例如，根据经验和通用的术语进行分类，网络威胁可分为病毒、蠕虫、DDoS 攻击、网络欺骗等 20 余类；根据威胁目标进行分类，网络威胁包括对 Web 应用的威胁攻击、对无线网络的威胁与攻击等；根据攻击效果进行分类，网络攻击工具可分为传染类、控制类、搜索类和破解类 4 个类别。总体来看，网络中的漏洞可以存在于硬件和软件中，但更多还是以软件漏洞的形式存在，无论是网络应用软件，还是单机应用软件，都广泛隐藏有漏洞。网络中的聊天软件如 QQ，文件传输软件如 Flash FXP、Cute FTP，浏览器软件如 IE，单机中的办公软件如 MS Word，这些应用软件中都存在可导致泄密和招致网络攻击的漏洞。在操作系统层面同样存在大量漏洞，如 Windows 系统中存在 RPC（Remote Procedure Call，远程过程调用）执行漏洞，Red Hat 中存在可通过

---

[1] 2020 年上半年我国互联网网络安全监测数据分析报告[R/OL]. 中华人民共和国国家互联网信息办公室，2020.

远程溢出获得 Root 权限的漏洞等，各种版本的 UNIX 系统中同样存在大量可导致缓冲器溢出的漏洞等。在 Internet 中提供服务的各种服务器中，漏洞存在的情况和招致的危害更为严重，无论是 Web 服务器、FTP 服务器、邮件服务器，还是数据库服务器和流媒体服务器，都存在可导致网络攻击的安全漏洞。不难看出，多种分类方式各有优劣，有的侧重过程，有的侧重结果，有的侧重渠道，但仍难以将逻辑网络层面临的威胁一网打尽。这也从另一个角度证明了，在逻辑网络层面临的安全威胁是何等复杂多样。

本书认为，逻辑网络层是人为设定的程序运行模式和规则，在物理基础层之上运行，构建出一个虚拟的空间逻辑基础，主要包括实体网络目标所使用的操作系统、软件等。在这个构成层，本书以攻击发生的流程，将逻辑网络层面临的安全威胁进行梳理，主要包括以下几类，如图 5-5 所示。

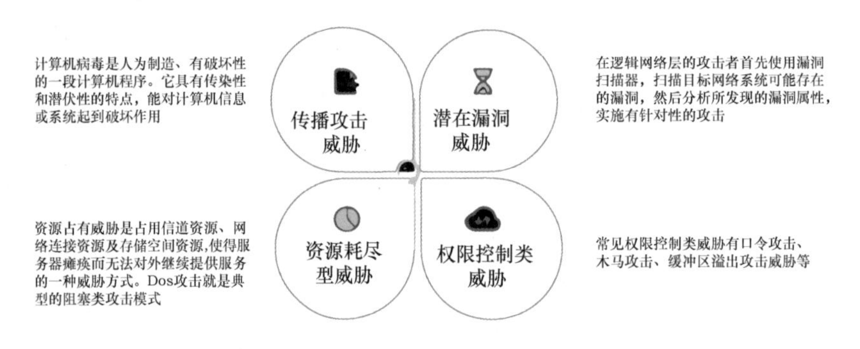

图 5-5　逻辑网络层面临的安全威胁

一是潜在漏洞威胁。这是进行网络攻击前的情报侦查阶段，也就是进行漏洞挖掘，那么作为目标网络，逻辑网络层则面临着被攻击的危险。由于逻辑网络层的攻击者首先使用漏洞扫描器，扫描目标网络系统可能存在的漏洞，然后分析所发现的漏洞属性，实施有针对性的攻击。随着新的漏洞不断被发现，漏洞攻击的手段也在不断发展和更新，即使安装了入侵检测系统，也难以检测出漏洞攻击，令人难以防范。

二是权限控制类威胁。权限控制类威胁指的是通过技术手段，获得对目标主机逻辑网络的控制权，即通过上一步发现的漏洞，实施攻击，获得控制权。常见权限控制类威胁有口令攻击、木马攻击、缓冲区溢出攻击威胁等。其中，口令截获和破译目前仍然是最有效的口令攻击手段。所谓口令攻击，简而言之就是破解密码，通过社会工程学、猜测、字典攻击、穷举法等对网络入口的口令进行破解，并将其作为攻击的开始，此后逐步获得网络的访问权，并能访问到正常用户能访问到的任何资源，假如受到攻击的用户有域管理员或Root用户权限，那么这个漏洞的威胁性将大大提高。目前，口令攻击仍是黑客最喜欢采用的入侵网络的方法之一。木马程序是指在正常的程序中植入了隐藏功能而用户并不知情的程序，它通常隐藏在一个合法程序中，随着用户的下载进入逻辑网络层，随着用户启动相关程序而启动。目前，在木马程序方面，攻击者重点研究的是新的隐藏技术和秘密信道技术。关于缓冲区溢出，简单来说就是计算机对接收的输入数据没有进行有效的检测（理想的情况是程序检查数据长度且不允许输入超过缓冲区长度的字符），向缓冲区内填充数据时超过了缓冲区本身的容量，而导致数据溢出到被分配空间之外的内存空间，使得溢出的数据覆盖了其他内存空间的数据[1]。缓冲区溢出是比较常用的权限控制类攻击技术，早期攻击者主要针对系统软件自身存在的缓冲区溢出漏洞进行攻击，目前攻击者

[1] 蒋卫华，李伟华，杜君. 缓冲区溢出攻击：原理、防御及检测[J]. 计算机世界，2003.

主要采用人为触发的缓冲区溢出进行攻击。

三是资源耗尽型威胁。资源耗尽型威胁是占用信道资源、网络连接资源及存储空间资源，使服务器瘫痪而无法对外继续提供服务的一种威胁方式。DoS（Denial of Service，拒绝服务）攻击就是典型的阻塞类攻击模式。DoS攻击是指故意攻击网络协议实现的缺陷或直接通过野蛮手段耗尽被攻击对象的资源，目的是让目标计算机或网络无法提供正常的服务或资源访问，使目标服务系统停止响应甚至崩溃，而在此攻击中并不包括侵入目标服务器或目标网络设备。这些服务资源包括网络带宽、文件系统空间容量、开放的进程或者允许的连接。这种攻击会导致资源的匮乏，无论计算机的处理速度多快、内存容量多大、网络带宽的速度多快，都无法避免这种攻击带来的后果[1]。目前，最常见的攻击技术手段有泪滴攻击、UDP /TCP 泛洪攻击、LAND 攻击、电子邮件炸弹等多种方式。但随着网络技术的发展，网络带宽资源变得越来越充足，常规的 DoS 攻击已经不能起效，因此，攻击者又利用工具集合许多网络带宽、同时对同一个目标发动大量攻击请求这一方式进行资源阻塞攻击，这就是 DDoS，即分布式 DoS 攻击。

四是传播攻击威胁。下面以我们耳熟能详的病毒为例进行介绍。计算机病毒是人为制造、有破坏性的一段计算机程序，它具有传染性和潜伏性，能对计算机信息或系统起到破坏作用。计算机病毒不是独立存在的，而是隐藏在其他可执行的程序之中的。所谓网络病毒，从广义上讲，是可以通过网络传播，破坏某些网络组件（如服务器、客户端、交换和路由设备等）的病毒。

---

[1] 张昆苍，等. 操作系统原理 DOS 篇[M]. 2 版. 北京：清华大学出版社，2000.

随着网络的普及，计算机病毒已经从单机病毒发展到了网络病毒，从早期针对 DOS 的病毒发展到了目前针对 Windows XP、Windows 7 平台甚至更高 Windows 版本的操作系统的计算机病毒，而且针对 UNIX/Linux 平台的计算机病毒也已经出现。这类传播攻击的过程和破坏机理，与医学概念中的病毒十分相似。首先，病毒需要通过其寄生的正常程序潜入计算机，借助宿主的正常程序对自己进行复制；其次，当计算机执行已经被感染的宿主程序时，病毒将截获计算机的控制权。在通常情况下，病毒会通过操作系统、应用程序和命令程序 3 种途径作为宿主进行传播，可能导致系统运行缓慢、计算机资源消耗、破坏硬盘和数据甚至是窃取信息。

总体来看，随着计算机网络技术的发展，针对逻辑网络层的威胁与攻击技术也在不断更新，上述网络攻击技术已经呈现出融合发展的趋势，特别是将木马技术、缓冲区溢出技术、拒绝服务攻击技术结合到一起的攻击技术，使得网络安全防范变得越来越困难。

3．实践空间层面临的安全威胁

本书所论述的实践空间层是人类参与到网络空间环境中的活动场域，是指人类在网络空间环境中，通过各种操作实现的交往、交流。从安全角度看，这是进行网络空间攻击和防御的重要战场，特别是随着网络空间环境在国家整体安全战略中所占比重越来越大，实践空间层所面临的安全威胁也日益复杂化和多元化。实践空间层所面临的安全威胁，总体上可以从以下两个方面来理解：一是实践空间层所承载的信息安全威胁，二是社会认知聚集带来的社会安全与稳定威胁。

提及信息安全，首先需要明确信息和数据的关系。信息的本质是意义，是对事物或事件的定性或定量描述。信息在我们的生活中无处不在，如天气信息、出行信息、招聘信息等，它附着于各种形式的载体之上，存在于我们的生活之中，进行定性或定量的有效表达。信息的载体有很多，如书本、画面、声音等，而在大量信息的载体中，在网络空间时代，数据又表现得尤为突出，成为不二之选。计算机作为信息存储、传输和处理的高科技方式和手段，其系统结构的基础就是二进制的 0 或 1 构成了数据，成为信息的载体，并使之可以被计算机系统读取。当前，在所有的信息载体中，计算机 0 和 1 的数据是最容易保存和传递信息的手段，尤其是当网络发展进入“大数据时代”，通过网络得以生成、记录、传播和运用的数据以指数级增长，信息和数据之间的联系变得更为紧密。从安全角度讲，信息安全的问题就更多地被转化成数据安全，或者说两者更加密不可分。

在网络空间时代，信息与数据在某种意义上已经成为重要资产，不管是对个人，还是对国家来说，信息与数据的安全威胁都是需要严密防范的，而且在未来很长一段时间内，都将是网络空间环境安全的重要着力点。从本质上来讲，信息与数据安全在整个网络空间环境中都是普遍存在的，例如，在物理基础层存在硬件设备的数据信息，在逻辑网络层存在操作系统和软件工具等信息。在网络空间的实践空间层，数据和信息更为集中，其面临的威胁也更为突出。随着网络空间环境成为现实社会的虚拟映射，网络在社会生活中全面扩展，信息和数据的窃取以“软杀伤”形式威胁着个人和国家的安全。当前的网络空间，可以说处于大数据时代，在过去可能并不具备信息意义的各类数据，在大数据时代可能都会变得更有价值，因而就产生了保护的必要性。从个人角度来说，个人隐私、资产信息、健康数据、出行信息、工作情况等生活点滴都可能通过数据形式体现出来，并通过网上购物、交友、求职、娱乐等多种渠道，有意或无意地公布在公开的网络上。如果个人没有较强的保密意识，或者一些网络工具缺乏相应的数据保护设置，则非常容易导致数据泄露，对个人隐私和利益造成伤害，甚至是给网络犯罪提供恶意收集个人信息的机会，将其当成非法牟利的手段。在大数据时代，个人信息面临的最大威胁，可能是个人数据信息在网络世界中“裸奔”，并由此对现实社会中的个人造成实质性的伤害。

与此同时，由于网络空间环境已经成为现实社会的映射，现实中国家层面的政治、经济、军事等多方面的信息，也都在网络空间有了体现。“没有网络安全就没有国家安全”，体现在实践空间层，则是在网络空间相应的数据中，本身就蕴含着可以被解读和分析的国家政治、经济、军事各方面的重要信息，如果在这个层面临威胁，则意味着国家安全面临巨大风险。同时，随着数据量日益增加、使用场景日益扩展，对于国家而言，数据已经成为基础性的战略资源，对于数据的控制和运用，会对国家安全、社会治理产生显著影响，因此，数据与信息及对于它们的主权，也就形成了一种支配性权力的特征，从而可能对国家治理权力的实施效果乃至基本结构产生重要影响，并上升至“数据主权”高度。

关于网络空间环境下认知聚集带来的威胁，则是因为网络空间提供了更为便捷的途径和更为广阔的平台，让人们可以在不受约束的环境下自由表达观点与意见，在宽松的环境下进行思想、感情的碰撞，对人们的思维方式、价值观念产生了重要影响，从而在网络上逐渐形成认知的聚集与合流。简单来说，这种认知的聚合形成了网络空间中的认知域，网络空间成为认知域特性的重要载体已是不争的事实。认知域是哲学术语，指的是人类的各种认识活动。认知域的概念是由加拿大学者邦格提出的，他认为，人类的活动中有相当一部分是认知活动，如逻辑与神学、心理学与心灵学、社会科学与人文科学等。从文化的视角来看，这些认知活动中所包含的要素便构成了“认知域”。认知域更关注以认知文化等为核心的精神层面，以及个人与集体相互作用的社会层面问题，网络空间时代的到来，突出了认知域的重要性。从军事角度看，世界已经进入网络战时代，凡是信息可以传播到的地方，都可以成为战场，而认知域作战的武器就是信息。信息传播的关键是媒介，而媒介在当下的网络社会无处不在。从某种意义上说，认知域已经成为大国博弈、军事对抗的终极之域。交流是人类的社会特性，交流的意义在于思想的传播。随着网络空间的出现和快速发展，网络平台已经成为信息传播的主要渠道和国际交流的重要途径，社交媒体的兴起更是进一步提高了信息传递和在线互动的效率。在描述人类社会关系的“六度分隔”理论中提到，世界上任何一个人发出的信号，平均只要经过 6 次传递，就可以送达目标人的手中，这个理论揭示了一个人际关系网的普遍存在，表明在社会中不同的人之间可能存在我们意识不到的关联。然而，到了网络时代，这种关联显然进一步被拉紧。2011 年，美国社交媒体巨头脸书公司和意大利科研机构共同进行了一项研究试验，对一个月内到访过脸书的 7.2 亿位活跃用户的好友进行数据统计，发现任何两个不相关的用户之间，平均只相隔 4.7 人。这表明，从现实世界到网络空间，人际关系已经被拉紧，网络空间的社交平台已经在信息传播和思想交流方面起到了更为有力的作用。同时，在网络空间，拥有更多公信力、号召力或者更多“粉丝”的组织、机构或个人，在舆论形成和传播中将起到更为重要的引导作用。

在国家安全维度中，舆论引导起着非常重要的作用，而在网络空间环境下，大量的信息可能涌入人们的视线，社交网络成为人们沟通思想的重要渠道，如果缺乏正确的引导与判断，那么敌对势力主导的认知域的危险舆论聚合，将给国家安全带来不可预估的威胁。最典型的案例就是“阿拉伯之春”。自 2010 年年底开始，中东地区局势持续动荡，突尼斯、埃及和利比亚等国家陆续发生动乱，造成政府更迭。在此过程中，网络空间环境的参与作用十分突出。以虚拟社交网络为代表的网络技术，已不再仅仅表现为信息交流的一种工具，广大民众也不再单纯地将其视为信息交流的一个平台，这个网络空间中的认知域俨然转变成为政治革命的重要推手。其中特别值得关注的是，突尼斯、埃及等国家的动乱，动员令都是通过互联网和微博网站发布和传播的，其中，推特等社交媒体“功不可没”，可以说没有互联网，这场骚乱就不会蔓延得如此快速。这也是互联网作为一种新型的传播平台，首次在重大的国际政治和安全事件中亮相，同时也让很多国家意识到网络媒体在传播中的巨大效力和影响力。

图 5-6 所示为实践空间层面临的安全威胁。

4．融合通道层面临的安全威胁

本书所讨论的网络空间环境融合通道，主要是指网络空间环境与现实环境的连接，是两个或多个场域的融合。与物理基础层不同，融合通道层是网络空间环境与实体空间的连接，而物理基础层是物理空间向网络空间环境的接入，一进一出形成“实体空间—网络空间—实体空间”这一闭环，更符合当前现实与虚拟两个空间的融合情景，更是未来两个空间融合发展的趋势。融合通道层面临的安全威胁，更多体现在关键基础设施的安全问题上。

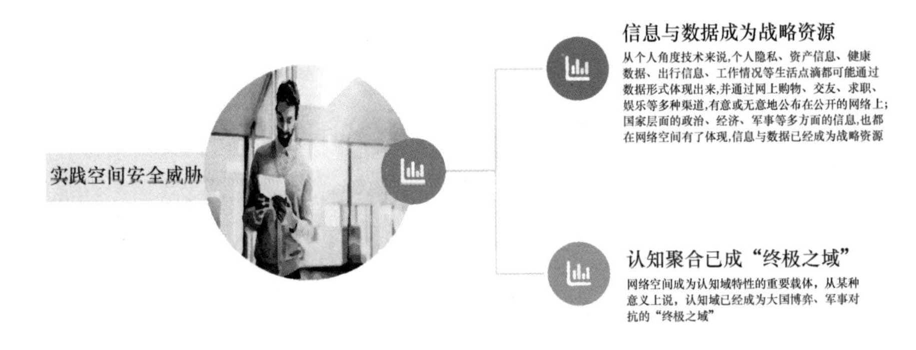

图 5-6　实践空间层面临的安全威胁

关键基础设施特别是关键信息基础设施，在当前环境下属于国家的战略资源，是国家经济社会平稳有序运行的神经中枢。在目前严峻的网络安全形势和各类复杂的网络攻击行为普遍存在的情况下，一旦关键基础设施系统遭到破坏或者丧失功能，将严重危害国家安全、公共利益和社会稳定，因此，亟须提升对关键信息基础设施网络安全防护能力的关注。与此同时，随着国际地缘政治形势不断演变，网络空间环境成为国家博弈的新领地，特别是有组织、大规模针对电力、电信、金融、能源、交通、军事等关键信息基础设施进行攻击破坏的事件屡屡发生，甚至陆续出现专门针对工业控制系统、金融系统和移动网络的定制型勒索软件和定向渗透破坏，导致关键基础设施面临的安全风险日益增加。

在融合通道层中，最为典型的关键基础设施面临的安全威胁层，主要分为两大类，一类来自技术层面，另一类来自管理层面。其中，在安全技术层面，一方面是“道高一尺，魔高一丈”的网络攻击技术不断进化；另一方面则是“亡羊补牢”式的应对手段面临的压力。从攻击威胁进化来说，关键基础设施面临日益严峻的安全生态，因为其战略价值已经将其推向第一线，APT攻击、“零日”漏洞、异常网络操作行为、新型恶意程序、网络攻击等快速演变，不停挑战关键基础设施的安全，成为防不胜防的威胁来源。从防御角度来讲，传统的静态防御已经日益捉襟见肘、难以应对，特别是针对日益融合化的威胁，传统的安全设施和手段各自为战，难以形成合力，缺乏联动性；与此同时，关键基础设施的运营业务也随着时代的发展出现新变化，原有防护出现新的疏漏，如新业务、新技术带来新威胁，使关键信息基础设施运营者无法及时掌握资产变化情况，漏洞检测与处置不够全面，原有防护出现疏漏等。在安全运营层面，由于关键基础设施的性质特殊，关系到重要行业的安全顺畅运行，涉及规模庞大的信息系统和繁杂的操作流程规范，其中很多是各类重复性工作，如日志分析、事件处理、各类报表报告等，这些工作费时费力、难处理，而大量重要资产、核心系统日常的维护工作量也十分巨大，对人力资源的数量、质量要求都很高，但这正是现实环境中的一个矛盾之处。现实中可能因为人力资源紧张，安全人员一般身兼多职，对于复杂的问题应对能力不足，对关键基础设施的安全维护形成潜在威胁因素。

近年来，针对关键信息基础设施的信息窃取、攻击破坏等恶意活动持续增加，相关安全问题也受到社会的关注。例如，新冠肺炎疫情发生以来，涉及医疗卫生的关键信息基础设施成为攻击者的重点攻击对象[1]。随着融合通道层的重要性进一步凸显，关键基础设施出现的安全事件数量也在攀升。在现实案例中，关键基础设施面临的安全威胁主要体现在以下几个方面。一是攻击大面积扩散，难以遏制隔离。因为多数工控系统缺乏控制隔离机制，因此，当来自网端的攻击奏效后，很容易全网扩散而导致难以有效遏制攻击。例如，在现实中，智能制造企业的工业控制系统和办公网络大多在同一个物理网络中，隔离机制仅依赖系统防火墙，无法覆盖现实中多个生产区域的网络空间环境，难以达到不同区域和不同子系统的有效隔离。例如，2018 年 8 月，我国台湾地区半导体制造公司台积电，因感染勒索病毒的计算设备接入工控系统，导致病毒在整个系统内大范围传播，工厂因此停工 3 天，对台积电造成的直接、间接经济损失高达 30 亿新台币。二是防护能力跟不上层出不穷的新攻击手段。目前，很多关键基础设施针对入侵行为的防护能力“有而不强，强而不新”的现实十分普遍，难以针对新型攻击方式做到有效防御。由于杀毒软件的病毒库需要频繁进行更新，而这一要求在工控环境中并不是很适用。例如，在能源基础设施领域，为了保证工控应用软件的可用性，许多石油炼化控制系统操作站通常不会安装杀毒软件，即使安装了杀毒软件，在使用过程中也有很大的局限性。这就导致滞后的病毒库难以识别新的病毒，对整个系统造成干扰。在 2020 年世界工业互联网产业大会上，国内著名网络安全企业 360 集团董事长兼 CEO 周鸿祎就表示，“未来在工业互联网的数字化时代，网络安全不要再用传统杀毒的观点去看，杀毒软件已经翻篇了”[2]。三是基础设施也在推陈出新，“新基建”面临新风险。我国提出的新基建涉

1 2020 年我国互联网网络安全态势综述[R/OL]. 中共中央网络安全和信息化委员会办公室，2021.

2 周鸿祎. 杀毒软件已翻篇 工业基础设施成网络安全战场[DB/OL]. 新浪网，2020.

及的新型基础设施主要包括 5G 基站、特高压、城际高速铁路和城市轨道交通、新能源汽车充电桩、大数据中心、人工智能、工业互联网 7 大领域。其中，5G 作为实现万物互联的关键信息基础设施，应用场景从移动互联网拓展到工业互联网、车联网、物联网等更多领域，其重要性不言而喻。5G 的网络架构使用了虚拟化、边缘化、能力开放、切片等新技术，这些新技术同样也带来了新的风险。其中，网络切片是基于虚拟化技术，在共享资源上实现逻辑隔离，如果没有采取适当的安全隔离机制和措施，当某个低防护能力的网络切片受到攻击时，攻击者可以此为跳板攻击其他切片，进而影响整个网络的正常运行。

第六章

如何维护和治理网络空间环境

6

随着网络空间和信息技术的快速发展，网络空间环境和现实空间环境已经深度融合，网络具备了虚拟和现实的双重属性。当前，物联网时代已经到来，网络空间的内涵和外延在不断扩大，网络空间环境安全的重要性也已经日益凸显。但由于网络空间安全威胁的伴生，网络空间环境需要经过“由乱及治”的阶段，更好地为人类提供生存与发展的平台。通过第一章对网络发展历程的梳理可以看出，对网络或者网络空间的治理，前期主要经历了技术治理主导和美国政府治理主导的阶段。进入 21 世纪以来，网络空间环境日益复杂，捆绑的利益也越来越多，全球网络大国也已经陆续出台自己的网络空间安全战略、政策或法规，各国对网络空间的安全治理日益走上正轨（见附录 B）。

我国政府十分重视网络空间环境安全，习近平总书记提出，“没有网络安全就没有国家安全。”我国的国家安全观已经越来越立体、越来越全面。2016 年 12 月，经中央网络安全和信息化领导小组批准，国家互联网信息办公室发布《国家网络空间安全战略》（以下简称《战略》），在维护网络空间安全领域树立了顶层设计。《战略》指出，当前和今后一个时期，国家网络空间安全工作的战略任务是坚定捍卫网络空间主权、坚决维护国家安全、保护关键信息基础设施、加强网络文化建设、打击网络恐怖和违法犯罪、完善网络治理体系、夯实网络安全基础、提升网络空间防护能力、强化网络空间国际合作 9 个方面。有必要指出，我国网络安全的顶层设计由一系列文件构成，《战略》是其中的核心，但对很多具体的工作，特别是实施层面的工作，还需要“五年规划”等文件进行部署。与此同时，《战略》还明确指出，网络渗透危害政治安全，网络攻击威胁经济安全，网络有害信息侵蚀文化安全，网络恐怖和违法犯罪破坏社会安全，个别国家强化网络威慑战略、加剧网络空间军备竞赛，世界和平受到新的挑战。基于此，我国在网络空间的核心利益体现为国家主权和国家政治安全。

值得注意的是，网络空间的安全认知和治理都是随着威胁的不断涌现而不断完善的，这类似于法律滞后于犯罪、药物滞后于疾病，也是维护网络空间安全的一个客观规律。本书对网络空间环境的构成进行了分层研究，对每个层面临的安全威胁进行了梳理和总结，针对如何维护网络空间环境安全，依然按照分层的方式进行探究。

一、物理基础层：重点在于网络空间环境的资产管理

1．网络空间环境地理学：从地理学角度理解网络空间物理基础安全

地理学是人类最为古老和基础的学科之一。汉语中的“地理”一词最早见于《周易・系辞》：“仰以观于天文，俯以察于地理，是故知幽明之故。”人类对于环境的认识，也是从地理学的角度开始了感性认知和理性探索。其中，地理学中的测绘指的是查勘、勘探和测量工作的总称，指对自然地理要素或者地表人工设施的形状、大小、空间位置及其属性等进行测定、采集并绘制成图。可以说测绘的代表性产品——地图，让地理学更为直观地展示在人们面前，更成为现实社会中进行环境勘探、研究、保护的基础，无论是国家建设、军事国防还是人民生活，都离不开地理测绘。

在信息化时代，对网络空间环境的测量已成为地理空间和地理学拓展的新领域，同时也是进行网络空间环境研究和安全治理的重要基础。地理空间是网络空间实体资源与实体角色的载体，网络空间为地理空间行为提供了虚拟的映射区域。网络空间既包括网络基础设施、硬件设备等实体要素，也包括操作系统、信息流动等虚拟要素，无论是实体要素还是虚拟要素，都不可能离开地理空间而单独存在。地理空间是人类社会存在和发展

的基础，地理学家从未停止过对生存空间的认知探索与领域开拓，地理科学对人类认识、了解并利用自身的生存空间和环境起到了重要的引导作用。随着科技进步与经济社会的发展，地理学不断吸收与融合越来越多的学科精髓，并向其他学科发散性地拓展。在经历了机械化和电气化之后，信息技术的广泛应用和网络的崛起将人类社会带入崭新的信息化时代，海量的信息资源为地理学的理论深化与知识创新创造了条件，现代信息技术与地理学的融合，产生了地球信息科学及地理信息系统、遥感等新的学科分支。当前，网络空间已经成为人类新的生存环境，地理学对生存环境的理论研究和实践探索仍适用于网络空间。在当前的网络信息时代，天、地、人、机一体化的网络空间正在形成，对网络空间环境的科学刻画，是网络事件分析、网络空间治理、网络安全保障的重要基石，也是信息化时代地理学研究拓展的新领域。

为准确描述网络空间物理基础层的资源要素、空间分布、图谱测绘及网络空间和现实空间的映射关系，需要在传统地理学的基础上进行理论创新和方法创新，加强地理学与网络空间安全等学科的交叉融合。科学是随着时代需求而不断发展的，网络空间地理学已经成为传统地理学的一个分支学科，它的研究内容是从现实空间向虚拟空间延伸，集中探讨网络空间和地理空间的映射关系，揭示网络空间安全运行机理与保障路径。确保网络空间环境安全，首先需要做的工作就是摸清网络空间的地理环境，这是基础性的工作，而网络空间测绘是其中的重点。

网络空间测绘，相当于制作网络空间环境的地图，用各种方式对网络空间环境的标志性节点进行标绘，用主动或被动探测的方式，绘制网络空间环境内重要设备的网络节点和网络连接关系图，以及各类设备的画像。在全球各个国家把网络空间安全提升至战略高度后，网络空间测绘显得更为重要。因为要在网络空间环境内占据优势，必定要先了解网络、掌握网络，那么对网络空间环境物理基础层的测绘就是不可或缺的。最理想的状态，就是通过对物理基础层的探测，绘制出一个实时的、动态的、可靠的网络空间全息动态系统。从具体实现技术来看，网络空间测绘就是在网络环境下，用网络探测、采集或挖掘等相关技术，对目标网络空间上的节点分布情况和网络关系索引进行探测，将实体资源和虚拟资源分别映射到地理空间和社会空间，从而绘制全球互联网图谱，采用搜索引擎技术可以轻松地搜索网络空间设备。从物理基础层来看，网络空间测绘主要内容分为实体资源和虚拟资源两种类别，其中实体资源从设备用途上来说分别包括网络基础设施和接入设备，进行探测的目的是掌握物理层数据，为建立整个图谱奠定数据基础。

2. 物理基础层资产梳理：做好网络空间安全的基础措施

不做好网络资产的管理，网络空间物理基础层的安全是无从谈起的。所谓网络资产，应该包括虚实两部分。其中实体部分是指计算机或通信网络中使用的各种实体设备，主要包括主机、网络设备（如路由器、交换机等），以及安全设备（如防火墙等）。虚拟部分是数据资产，数据资产存在于网络空间环境的各个层，如在物理基础层有 IP 地址、网关网段、硬件设备信息等基础数据，在逻辑网络层有操作系统、软件系统、安防系统等网络数据，在实践空间层有大量的用户数据、流动的信息数据，在融合通道层则有由网络控制的物联网传感器数据、关键基础设施数据等。“知己知彼，百战不殆”，不难看出，对于网络资产的梳理是“知己”，是做好网络空间环境安全的第一步，例如，网络资产清晰度，网络资产的状态、安全风险、防护、日常运维等情况，都是维护网络空间安全面临的第一道关口。

做好网络资产的梳理，一是要摸清资产状况。网络资产是信息安全管理的重中之重，不管是政府机构、教育系统、医疗系统，还是企业，都应定时定期对自身的网络资产进行核查、梳理，动态管理网络资产结构和状况。与此同时，网络资产也是信息安全防护体系的重心，网站攻击、黑客入侵、木马植入、网页篡改等信息安全攻击行为，均需要找到安全防护体系的突破口，而未经核查的不明资产、僵尸资产、未知资产，都是高风险网络资产，一直是黑客进行网络攻击、网页篡改、病毒植入等行为的突破口。二是要构建高效和自动化的运维流程。最初的网络运维指的是对底层基础网络资产的管理和维护，目标是使网络能正常高效地运行，同时保障物理基础层的安全。但随着网络技术的不断更新，涉及网络空间环境的业务日益复杂烦琐，依靠人力的简单网络运维管理已经难以满足需求，而如何保障网络系统业务的各个环节安全，降低运行成本，提高突发安全事件的应对能力成为重要需求。因此，构建高效的、相对自动化的运维流程，可大幅提升信息化资产的管理效率和能力。一般来说，在网络的运维过程中存在大量周期性、规律性和重复性的工作，而这些工作的自动化，逐步依赖针对性的智能化平台，实现网络系统维护、安全检测和告警、应急响应与处理，这将是未来自动化运维的发展方向。

二、逻辑网络层：重点在于防范各类网络攻击行为

网络空间运行的核心是逻辑，因为各种协议、程序、软件、操作系统逻辑形式的不完美，逻辑网络层都会面临着大量的安全威胁。其中，各类网络攻击行为是重中之重，因此，维护网络空间环境逻辑网络层的安全重点在于防范各类网络攻击。本书将逻辑网络层的构成要素分为两大部分，包括底层的逻辑协议和使用层面的各类系统与软件。在逻辑协议部分，维护网络空间环境安全的目标是保障整个网络可靠运行；在各类系统与软件部分，维护网络空间环境安全的目标是维护各类操作系统、数据库等的应用安全。

1．逻辑协议部分：保障逻辑网络层稳定可靠运行

在维护网络空间安全方面，常常将防护措施分为“人防”和“技防”两大类，如果说物理基础层主要靠“人防”的话，那么在逻辑网络层主要依靠的就是各类“技防”措施，也就是以技术手段来对抗技术攻击。在逻辑协议部分防范网络攻击、维护环境安全，需要的安全技术主要包括身份认证技术、数据加密技术、防火墙技术、入侵检测技术等。

身份认证技术指的是通过技术手段，验证网络使用者是否拥有所认定的身份指标。类似于在现实社会中的身份属性，一旦拥有了某种身份，就可以拥有与这

个身份相匹配的某些权利。例如，某辆汽车的主人自然就拥有该汽车的所有权和使用权，某个银行账户的拥有者则对该账户内的资金拥有支配权。在网络空间也是一样，一旦具备某种身份，则网络系统就会认为其是合法用户，拥有该用户的权限。身份认证技术就是用来验证用户是否真的拥有这个身份，也就是说是否为合法用户，以此来防范非授权用户中断、盗用或滥用资源等行为。可以说，身份认证技术是维护网络空间安全最基本的技术防护手段，主要技术包括口令认证、数字证书技术、生物特征认证等。口令认证技术包括静态和动态两种，其中静态口令是使用最早、最广泛的手段，是指用户在注册阶段生成用户名和初始口令，系统在其数据库中保存这个信息，当用户再次登录时，输入用户名和口令，服务器则进行匹配来验证用户是否合法；动态口令又称一次性口令，在当前的网络空间环境下其使用场景日益广泛。它使用的技术是“散列函数”，在用户登录过程中加入不确定因素，系统通过对用户提交的结果和自身通过散列函数计算所得的结果比对，得到认证结果。动态口令技术在认证过程中不会在网络上传输、不直接用于用户身份的验证，且每次验证都使用不同的不确定因子来生成认证数据，在原理上是足够安全的。生物特征认证技术也是当前应用比较广泛的认证技术之一，它使用人们具有唯一性和稳定性的指纹、掌纹、虹膜、面部等特殊特征进行认证，其具有难以仿冒等优点，相对比较安全。

数据加密技术，指的是将原来公开的信息数据通过一定的算法变成非公开的、晦涩难懂的或偏离原来本意的信息，从而达到信息数据保密目的的技术。数据加密是维护逻辑网络层稳定运行的重要手段，一般包括数据的传输加密和存储加密。其中，传输加密指的是对传输中的数据流进行加密，常用的技术有链路加密、节点加密和端到端加密 3 种方式。存储加密是指在数据的存储过程中保护数据不被泄露或窃取，主要有密文存储和存取控制两种方式。密文存储是指利用加密算法的转换法则、附加密码的加密、模块的加密等多种方式实现对信息的存储保护。存取控制则是通过对用户资格和权限进行审查并限制，辨别其合法性，防止非法用户有机会越权获得数据。

防火墙技术本质上是一个访问机制，是位于内部网络和外部网络之间的安全防范系统，是对内外流动的数据实施约束的技术。防火墙的发展历程较为长远，经历了早期的简单包过滤，到目前广泛应用的状态包过滤技术和应用代理。随着 IPv6[1]的标准化和快速发展，支持 IPv6 协议的防火墙将成为下一代网络空间中的主要安全设施之一。目前，基于 IPv6 的防火墙技术包括简单的安全过滤、防火墙实施加密信息认证和屏蔽主机网关等方式。其中，屏蔽主机网关的方式是在内部网络和外部网络之间加入一个分组过滤路由器和堡垒主机，分组过滤路由器要求所有通往内部网络的数据都要经过堡垒主机，堡垒主机是安全协议的终点，具有身份验证和数据解密功能。这种方式使得分组过滤路由器的工作得到了简化，只对明文部分的流量信息进行过滤，而那些加密的数据则由堡垒主机完成，由此过滤掉有害信息，完成接入控制。

入侵检测技术是一种对网络资源的恶意使用行为进行识别和处理的技术，属于主动型的网络安全防护措施，是分层安全中日益被采用的防护措施之一。入侵检测系统（IDS）则是对计算机和网络资源的恶意使用行为进行识别和相应处理的系统，在发现异常后，会及时做出响应，采取包括切断网

[1] IPv6 是 Internet Protocol Version 6（互联网协议第 6 版）的缩写，是互联网工程任务组（IETF）设计的用于替代 IPv4 的下一代 IP 协议，其地址数量号称可以为全世界的每粒沙子都编上一个地址。IPv4 最大的问题在于网络地址资源不足，严重制约了互联网的应用和发展。IPv6 的使用，不仅能解决网络地址资源数量的问题，而且也解决了多种接入设备连入互联网的障碍。

络连接、记录事件和报警等措施。按照输入数据的来源，可分为基于主机的入侵检测系统、基于网络的入侵检测系统、分布式入侵检测系统 3 种。

2. 各类系统与软件部分：保障逻辑网络层的使用和操作不受攻击

逻辑网络层的安全目标是保护系统或平台不受黑客的网络攻击，维护相关系统和软件的使用稳定与安全，主要包括操作系统安全、数据库平台安全等。

操作系统安全是整个网络运行安全的基础和关键。操作系统安全由 6 个要素组成，包括保密性、完整性、可用性、真实性、实用性和占有性[1]。其中，保密性相当于系统的身份认证，在底层逻辑层也有涉及；完整性是指系统中数据的正确性和相容性，并且保证信息不会被人为篡改，这是维持系统稳定的必要条件；可用性是指系统的响应能力，授权用户的请求能及时、正确、安全地得到响应；真实性是指系统中的数据是真实可用的，而不是引起混乱的虚假信息；实用性则是指系统能够为用户提供数据服务；占有性则是指系统数据是被用户拥有的特性。2020 年 3 月 1 日，国家标准《信息安全技术　操作系统安全技术要求》正式实施（见图 6-1），规定了 5 个安全等级操作系统的安全技术要求，适用于操作系统安全性的研发、测试、维护和评价。

对操作系统的安全管理，范围由大到小可包含整个操作系统级别的整体安全管理、操作用户级别的个人安全管理和系统承载单元级别的文件安全管理 3 个层次，分别对应不同的安全威胁。其中，整体安全管理类似于楼宇的入口管理，对整栋大楼的安全负责，任务是不允许未经核准的用户进入系统，

---

[1] 魏亮，魏薇，等. 网络空间安全[M]. 北京：电子工业出版社，2016：71.

从而防止他人非法使用系统资源。个人安全管理则是对进入系统的、不同权限的用户进行的管理，也就是要求合法进入系统的用户各司其职，不能超越规定的权限。文件安全管理是具体到了一个文件的属性管理，只有符合权限的用户才可以打开或者更改文件。

ICS 35.040
L 80

中华人民共和国国家标准

GB/T 20272—2019
代替 GB/T 20272—2006

信息安全技术　操作系统安全技术要求

Information security technology—
Security technical requirements for operating system

2019-08-30 发布　　2020-03-01 实施

国家市场监督管理总局
中国国家标准化管理委员会　发布

图 6-1 《信息安全技术　操作系统安全技术要求》封面

数据库平台安全主要指的是确保网络空间系统的用户信息数据库的完整性和保密性，目的是保护数据库防止非法使用造成的数据破坏、更改和泄露等。数据库平台安全包括两方面内容，一是计算机系统的安全运行，二是系统数据库存储的数据信息安全。为维护数据库平台的安全可靠，可采用的手段包括应用系统的身份认证技术、访问控制和存取控制技术、数据加密技术，这 3 项在底层逻辑层也涉及。此外，还包括授权与回收技术、数据库角色设置、权限视图机制、存储过程和触发机制设置、审计技术等。

三、实践空间层：重点在于引导各类网络行为的合规性

实践空间层是人类参与到网络空间环境中的主要体现，也是人类与网络空间进行交互的直接环境，是人类认知在网络空间的集中反映和重要载体。从安全角度看，这是进行网络空间认知领域攻击和防御的重要战场，这个空间有边界的模糊性、信息扩散的威胁风险，已经成为国家间战略对抗的重要领地。在网络空间成为舆论主阵地的今天，保障各类信息、网络行动的合规性，确保舆论对整个社会乃至国家利益的正确引导至关重要。

1．在国际上，确保国家利益不受损害

美国民意调查和研究机构“皮尤研究中心”（Pew Research Center）2019年公布的数据显示，在过去的一年，美国人“经常”或“有时”通过社交媒体获取新闻的比例从47% 增长到55%；英国电信局2019年公布的数据显示，在过去的一年，英国人使用社交媒体获取新闻的人数比例从44%增加到49%。不难看出，网络空间的实践空间层已经成为一个兼具即时性、交互性和去中心化特征的认知域领地，维护认知域安全正是基于这一出发点而形成的。

当前，网络空间已经成为大国博弈的重要战场，实践空间层的舆论聚合、

渗透等是不容忽视的“软性手段”，它是承载信息、影响人们意志的重要场所和手段，是维护国家安全和利益的重要阵地。在博取国家利益的斗争中，实践空间层要确保网络空间传播的信息内容不会对国家政治、军事、经济安全造成影响，要夺取国家道义制高点、构建有利于己方的话语体系，同时还要瓦解对方行动的合理性和民意基础，削弱其民心士气和斗争意志。

一是重视网络空间层面的舆论斗争，聚焦国际热点问题，在国际重要舆情事件上，将认知防护作为维护国家安全和利益的重要战场。特别是当有部分舆情事件转化或者泛化为对国家意识形态和上层建筑的攻击时，要提高警惕，必要时应主动出击，利用网络传播的群体化效应，强化己方行为合理合法，进而向国际舆论传递理性情绪，打赢网络舆论战。例如，2021 年 3 月，美国等西方国家试图以“强迫劳动”“新疆棉花”等为话题进行炒作，向我民族政策泼脏水，我国媒体以攻为守，主动出击，特别是 2021 年 3 月 24 日，共青团中央官方微博的一则《一边造谣抵制新疆棉花，一边又想在中国赚钱？痴心妄想！》的博文，揭开美国等西方国家有关组织和商业品牌关于我国新疆维吾尔自治区“强迫劳动”的抹黑阴谋，让“新疆棉花”话题迅速成为舆论热点。在随后的舆论攻防中，我国多家媒体找准切入点，设置议题，有力反击，从传媒到意见领袖，再到民众，全民应战，打了一个漂亮的网络舆论战。网络舆论战的本质仍是国家间实力的博弈，只不过在网络空间时代，实践空间层聚合了越来越多的不同利益集团的不同认知，因此，要维护国家利益，这一层面的安全不可或缺。

二是将网络舆论平台的责任压力落实。第 48 次《中国互联网络发展状况统计报告》显示，截至 2021 年 6 月，我国网民人数已经达到 10.11 亿，互联网普及率达到 71.6%，我国已经成为名副其实的网络大国。2014 年 2 月 27 日，习近平总书记在中央网络安全和信息化领导小组第一次会议上指出：“做好网上舆论工作是一项长期任务，要创新改进网上宣传，运用网络传播规律，弘扬主旋律，激发正能量，大力培育和践行社会主义核心价值观，把握好网上舆论引导的时、度、效，使网络空间清朗起来。”[1]目前，社交媒体等网络舆论平台已经成为承载认识域空间的重要载体，因此，避免网络空间成为传播反动信息的平台，是至关重要的。一方面，平台要做好发布信息的把关者，设置信息发布门槛，对不良信息进行筛选、过滤；另一方面，要加强对运营平台的审查和把关，特别是一些涉嫌散布不利于国家安全稳定的敌对势力所属平台，更要加强管控，避免其在网络空间钻空子，进行“文化渗透”与“和平演变”。

三是把控重点人员。随着网络空间大面积覆盖，移动端已经成为人们生活中不可或缺的一部分，在智能手机上，人们就可以完成阅读信息、发表意见、形成团体等行为。其中，有人在人际传播的网络中，经常利用自身优势，为他人提供信息并对他人形成影响，这些活跃分子就是我们所说的“意见领袖”。他们已经成为媒体平台中的重要“节点”，其影响力也随着人们对网络的依赖而增大。对于对国家利益有益的意见领袖，宜加强对其引导和扶持，协助其传播有益的观点；对于反动的意见领袖，虽然完全切断他们对于有害信息的传播在客观上是难以实现的，但可以针对性培养一批能够发出中和目

[1] 习近平. 把我国从网络大国建设成为网络强国[DB/OL]. 新华网，2014.

标言论的用户，让其作为社交网络上的“免疫系统”，从而稀释不同的目标言论主题之间的联系；或者将相互矛盾的言论同时曝光给同一个用户，让二者相互牵制，从而削减目标言论的影响力。

2. 在国内，维护社会和谐稳定不受损害

在国内，维护实践空间层安全，主要是确保网络空间传播的信息不会对国家政策和法律、人民思想意识、社会公序良俗产生负面和消极影响。早在2016年，路透社发布题为《挑战与机遇：数字化、移动化、社交化背景下的媒体与新闻业》的报告，指出传统媒体在网络空间时代的地位受到了新媒体的严重挑战，其独立的新闻分发能力正在受到严重削弱，新的社交平台正在取代传统媒体，成为新的内容分发者。鉴于社交平台的灵活互动性、广泛的参与性等特点，人们对社交平台的依赖日益加重，更多的人群倾向于使用社交媒体。大量的受众迁移，使得传统媒体不得不让位于社交媒体，或者形成渠道融合的新媒体。我们知道，社交网络改变了传统的、以主流媒体为中心的“中心化传播”路径，变成了网络空间时代的“口口相传”。变二次传播为一次传播，对于媒介传播而言这是一场革命性的变革。因此，在维护社会和谐稳定方面，安全防护策略必须建立在新的传播底层逻辑的基础上。

从网络空间角度维护国内社会和谐稳定，主要从如下3个方面入手：

一是网络信息审查。网络信息审查是保证网络空间认知域安全的关键，是为适应社会或用户要求，根据一定标准，采取适当的技术，从动态的网络信息流中选取用户需要的信息，剔除用户不需要的信息的方法和过程。网络信息审查有利于减轻用户的认知负担，保障用户的认知安全。

二是舆情的有效引导。网络空间认知域在社会安全保障中的重要举措是舆情引导。首先，明确目标人群；其次，依据目标人群的性别、年龄、上网习惯、政治倾向和道德标准等要素投送信息、确定引导渠道；再次，利用人工智能、大数据、资源库和相关算法等处理技术，精准完成引导信息的策划和编制，并按照舆情的不同发展阶段提供相应的应对预案；最后，综合使用网络空间的各种传播渠道，如微信、微博、博客、论坛等，广泛地发布舆情引导信息，完成快速有效的舆情引导。

三是加强网络立法。网络空间并非法外之地，网络空间相关的法律法规是国家网络空间治理的关键，需要加强国家对网络空间管辖、管理、管制的力度，对威胁国家网络空间安全和侵犯公民网络隐私权的行为进行严厉打击。2021 年 9 月 1 日 ，我国首部《数据安全法》正式实施，这是我国在数据安全领域的基础性法律，将在保障国家数据安全、维护公民和组织合法权益、保障数字经济发展、推进电子政务等方面发挥重要作用。作为我国数据安全领域第一部专门立法，《数据安全法》的亮点之一就是确认了数据权益，数据作为“关键要素”首次被写入法律。2021 年 8 月 20 日，我国立法机构审议通过《个人信息保护法》，并于当年 11 月 1 日起正式施行。这是我国第一部个人信息保护方面的专门法律，旨在保护个人信息权益，规范个人信息处理活动和方式，促进个人信息合理利用。不难看出，连续出台数据信息方面的立法，加大管理和引导力度，充分说明信息安全已经成为不容忽视的重要问题。

四、融合通道层：维护关系关键基础设施控制体系的安全

融合通道层融合了网络空间和实体空间两个环境，其安全体现最为直接的就是维护涉及国计民生的关键基础设施的工控网络体系的安全。

1．健全法律保障，树立社会意识，聚焦应急响应

近年来，围绕关键基础设施进行的网络攻击日益增多，攻击方式、手段的多样性和严重性，不断刷新各国对网络安全态势的认知。网络空间环境中的安全问题日益凸显，以往以关键基础设施静态识别防护为核心的保护观念已经跟不上安全形势的演变，在面对全新威胁态势时显得捉襟见肘。在这种背景下，如何完善顶层设计，调动全社会力量维护关键基础设施安全，健全完善安全监测预警响应机制，从国家层面提升网络安全态势感知、事件分析、追踪溯源及遭受攻击后的快速恢复能力，成为各网络大国面临的重大课题。我国在《国家突发事件应急体系建设“十三五”规划》中明确提出，提高关键信息基础设施的风险防控能力，保障金融、电力、通信、交通等基础性行业业务系统安全平稳运行，同时强调要充分利用互联网、大数据、智能辅助决策等新技术，在应急管理相关信息化系统中推进应急预案数字化应用；

2020 年中央网信办发布的《关于做好个人信息保护利用大数据支撑联防联控工作的通知》也直接提出，借助大数据等各类网络信息技术为疫情防控应急响应提供必要的技术支撑。

综合各网络大国的情况来看，关键信息基础设施立法保护已成为全球趋势，鉴于地缘政治、经济发展、网络能力、立法模式等方面的天然差异，各国关键信息基础设施的立法思路及侧重有所不同，但基本都聚焦在网络安全应急响应上。同时，各国对安全目标的追求也比较一致，认为 100% 的安全是不现实且难以实现的，维护关键基础设施安全应将重点放在管控风险、预判风险、抵抗攻击的能力培育和立法建设上。在国家层面，建设针对特定关键基础设施的包含网络监测预警、网络安全威胁情报信息共享、网络安全评估检测、供应链安全审查、网络安全事件应急处置、公私合作和国际合作等要素的网络安全应急响应保障体系。在国际层面，依托国际平台共同制定针对关键基础设施的网络安全应急响应的国际规范，合力保障全球关键信息基础设施的整体安全性和可靠性，这也是国际关键信息基础设施保护的关注重点和未来发展方向。

以我国的情况为例，以《网络安全法》为核心和基础，我国关于关键信息基础设施网络安全应急响应的法律保障体系建设正在加速推进。国务院于 2006 年出台了《国家突发公共事件总体应急预案》，于 2007 年出台了《突发事件应对法》，于 2013 年出台了《突发事件应急预案管理办法》，于 2016 年出台了《网络安全法》，2017 年中央网信办出台了《国家网络安全事件应急预案》。上述现行有效的法律法规，共同构筑了我国在关键基础设施网络安全应急响应方面的法律保障基本体系。

2. 实施体系化保护，重点是确保供应链与产业链安全

在关键基础设施的语境下，网络空间环境主要有两层含义：一是供应链安全，二是产业链安全。其中，供应链是指从供应商到制造商，再到分销商、零售商，直至最终用户的一个完整链条，体现了从原材料采购到制造再到生产、销售的完整周期。目前，我国在信息技术、计算机技术领域面临缺乏国产化、自主化的局面下，整个供应链的安全存在巨大隐患。中国工程院院士倪光南曾指出，在信息和计算机领域，我国正处在“缺芯少魂”的尴尬处境，其中“芯”即芯片，“魂”即操作系统，以及工业基础软件和工业设计仿真软件，这个缺陷决定了我国的关键基础设施的信息系统面临较大的供应链风险，可能会经常面临后门、漏洞、木马等严重安全威胁。针对这一问题，我国下发《关键信息基础设施安全保护条例》、国家标准《信息安全技术　关键信息基础设施安全检查评估指南》、国家标准《信息安全技术　关键信息基础设施安全保障指标体系》等文件，针对采购的网络产品和服务，以及外包开发的系统、软件等制定了相关制度，目标就是解决供应链安全问题。例如，要求运营者应当对外包开发的系统、软件，接受捐赠的网络产品，在其上线应用前进行安全检测。与此同时，还应从社会工程学角度进行安全防护，如《信息安全技术　关键信息基础设施安全检查评估指南》提出要收集产品、服务供应商的信息和产品服务供应商相关人员的信息，包括组织架构、岗位设置、人员姓名、手机、邮箱等，避免供应链成为“社工风险链”。

产业链是指关键基础设施的运营商在整个产业链或行业中扮演的角色，以及不同行业间相互依赖的网络关系。能够影响国计民生的关键基础设施在产业链条当中的地位自然不容忽视。例如，电力基础设施，从宏观角度关系到整个社会的正常运转，从微观角度关系到个人生活便利，一旦受到网络攻击，造成失能，对社会运转造成的负面影响是十分巨大的。基于上述认识，美国国家标准与技术研究院（NIST）为关键基础设施的网络安全制定的《网络安全框架》（*Cybersecurity Framework*），体现了对产业链进行管理的思想。其中，将与关键基础设施企业有关的供应商、大客户和企业的合作伙伴看作整体，称为“利益相关者”，规定“风险管理流程被建立、管理及被企业的利益相关者同意”“外部服务提供商的活动被监控以检测潜在的网络安全事件”及“企业在关键基础设施和它的工业领域中的地位被辨识和理解”。这些规定都体现了“内”和“外”的协调一致，即一个企业的网络安全问题既要考虑自身的需求，也要考虑外部整个产业链的需求，将供应链安全和产业链安全进行体系化的保护。

附录 A

2010年以来网络空间环境典型安全案例

A

一、2010年

1.“震网”事件：网络攻击的破坏力向实体环境溢出

“震网”的英文名为Stuxnet，是一种计算机“蠕虫”病毒，最早于2010年6月被监测到，是世界上首个专门定向攻击现实环境中关键基础设施（如核设施）的“蠕虫”病毒。“震网”病毒利用微软视窗操作系统之前未被发现的4个漏洞，采取了多种先进技术，具有极强的隐身和破坏力，只要计算机操作人员将被病毒感染的U盘插入USB接口，“震网”病毒就会自动取得特定工业控制系统的操作权，而不会出现任何风险提示。“震网”病毒于2010年7月对伊朗核设施进行攻击并造成了严重影响，入侵到伊朗核设施的数据采集与监控系统，并通过控制变频器改变了离心机的转速，最终破坏了伊朗纳坦兹核燃料浓缩工厂的约1000台离心机，严重推迟了伊朗核计划的实施。

一般来说，黑客会以获取经济利益为目标，利用网络漏洞盗取银行和信用卡信息来获得非法收入。但“震网”病毒并非如此，它集中攻击了伊朗核设施，目标更具备政治对抗甚至军事对抗的意味。随着时间的推移，“震网”病毒事件的来龙去脉也逐渐浮出水面。综合来看，事件可分为病毒的“制作”和“投放”两个阶段。据多家媒体披露，“震网”病毒是美国和以色列“工控系统专家和病毒开发人员”联合研发的一款“武器”。针对伊朗核设施所使用的德国产西门子工控系统，美国和以色列情报部门首先对其进行了全面剖析，掌握了各种控制器件的拓扑结构和指控传输方式，为“震网”病毒的摆渡传播奠定基础；此后，通过间谍手段截获利比亚同款离心机，并进行内部拆解研究，开发针对性的破坏病毒代码，为病毒武器能够发挥作用提供了试验和效果验证目标环境。在完成“病毒”的制作后，就进入了投放阶段。据媒体报道，“震网”病毒的投放，是通过一名伊朗核设施所雇佣的内部工作人员完成的，这名工作人员是在美国中央情报局和以色列情报机构摩萨德的要求下，由荷兰情报机构招募的一名伊朗工程师，这名工程师提供了关键数据，并在需要使用 USB 闪存驱动器将“震网”病毒植入这些系统时，提供了急需的内部访问，从而使“震网”病毒利用工控系统漏洞实现了对隔离网站的进一步入侵与破坏攻击。

在网络空间技术不断发展的历史上，出现过大量典型的安全事件，但“震网”事件被视为具有里程碑意义的巨大威胁事件，这是因为“震网”事件首次实现了网络空间环境内的攻击向实体空间的破坏效果溢出，是第一个以现实世界中的关键军事基础设施为目标的恶意攻击并达到了预设的攻击目的，为国家行为体之间在网络空间内的威胁与制衡提供了新的手段，可以说它标志着世界进入了网络战的新阶段。

2. “极光”行动：网络巨头遭黑客入侵

2010 年 1 月，互联网巨头 Google 公司在其官网上披露，称其 Gmail 服务遭到“来自中国精心策划且目标明确”的网络攻击，除 Google 外，还有 20 多家公司，其中包括 Adobe Systems、Juniper Networks、Rackspace、雅虎、赛门铁克、诺斯洛普·格鲁门和陶氏化工等。Google 表示，由于中国政府“对网上言论管控继续收紧”，其计划与中国政府协商，在“必要的法律范围内”运营一个完全不受监管的搜索引擎，假如不能获批，Google

将退出中国市场。

事件发生后，美国时任国务卿希拉里·克林顿发表了一则谴责声明，并声称要求“中国做出回应”。随后，中方外交部发言人姜瑜在例行记者会上表示，中国互联网是开放的，中国政府依法管理互联网，禁止任何黑客攻击行为，其针对互联网的行政法规也符合国际惯例。此后，Google 首席执行官、CEO 等高层分别发言，对中国的网络空间治理政策表示不满，并扬言“Google 公司不会被商业利益所左右”并计划退出中国市场。

“极光”行动可以说是 2010 年重要的网络空间安全事件，它的重要性已经超出了技术范畴，它将不同国家、不同利益方之间对于网络空间思维认知、管理制度、法制法规的对立变得日益明显甚至相当尖锐。这说明，网络空间环境的治理冲突也远远超出了技术层面，网络空间的对立，可能起到牵一发而动全身的效果。

二、2011 年

1. Lulz Security 入侵：“反安全行动”发起者

LulzSec（Lulz Security）是 2011 年出现的一个黑客组织，其创始人是一个名为 Sabu 的黑客，他是该组织的核心成员，是一名 29 岁的纽约无业人员。该组织因在两个月内成功入侵了中央情报局、美国参议院、任天堂、索尼等多家机构而名声大噪。他们发动名为“反安全行动”的“LulzSec 的 50 天”活动，攻击对象包括 Fox、HB Gary、PBS、CIA 和 Sony 等知名公司，并在网上公开炫耀其攻击成果。

LulzSec 对其他黑客活动的影响不容忽视，它的活动引发了网络黑客之间的“黑吃黑”。由于频频对政府、大公司网站及网络服务进行攻击，甚至还与其他一些黑客组织摩擦不断，所以，LulzSec 在美国境内并没有什么“同道朋友”，在黑客圈子中受到了孤立。此后，LulzSec 组织中一名荷兰籍成员旗下的网站 Sven Swootleg 遭到了一个自称“TeaMp0isoN.”的黑客组织的攻击，并警告其“别再自称黑客”，对其行为表示不齿。

LulzSec 因为频繁入侵美国 CIA、国会参议院、日本索尼公司等政府和企业网站而“闻名”，面对来自政府和民间黑客组织的多方压力，该组织于 2011 年 6 月宣布解散，其创始人成为美国 FBI 的污点证人，在他的帮助下多名 LulzSec 成员被美英警方联手逮捕。

2. 索尼 PlayStation 用户数据被黑：史上最长修复期

2011 年 4 月，索尼公司向旗下 PlayStation 网络用户发出警告，称他们的个人资料有可能被黑客盗取，包括用户姓名、地址和信用卡号码等，全球 PlayStation 网络用户约 7700 万人，这在 2011 年是相当严重的数据泄露事件。PlayStation 网络可供用户联网进行视频、游戏和对话，以及付费观看电视节目和电影，有着相当广泛的受众。

在证实受到黑客攻击后，索尼表示必须重建 PlayStation，以采取更多的安全措施。对于索尼来说，这是一次灾难性事件，为了修复安全漏洞，该公司不得不关闭 PlayStation，时长达 23 天。迄今为止，这仍然是 PlayStation

历史上最长的一次修复期。不仅如此，索尼公司还由于断网、用户诉讼、吸引客户而导致大量亏损。这次事件表明传统产业或者行业进行安全投资的重要性，因为网络黑客所造成的损失可能是无法想象的。

三、2012年

1. Shamoon病毒攻击能源巨头：网络空间环境下的报复行动

Shamoon病毒又称DistTrack病毒，是一款来自伊朗的恶意软件，其主要功能是清除数据，在入侵沙特阿拉伯国家石油公司沙特阿美的官方网络后，该软件清除了官网上的35000多个工作站，导致超过30万台计算机瘫痪，阿美石油用了两周时间才恢复其主要的内部网络。沙特阿美公司为缓解损失，在全球范围内大量购入硬盘用来替换被感染的设施，导致当年硬盘价格上涨。此外，Shamoon还攻击了美国和卡塔尔合资的拉斯拉凡液化天然气公司。

关于攻击源头，据法新社报道，一名美国高级官员表示，针对海湾石油巨头的网络攻击被认为是“国家行为”，伊朗是首要嫌疑国；美国智库战略与国际研究中心高级研究员詹姆斯·刘易斯也表示，美国官方“高度怀疑”伊朗应对上述几起网络攻击事件负责。可以说，这次事件是两年前“震网”病毒攻击的直接结果，在伊朗掌握了破坏性恶意软件的第一手资料后，创建了自己的“网络武器库”，并将其用于现实空间中的敌对国家。中东地区网络战的始作俑者是美国和以色列，它们开启了中东的首轮网络战，目的是打击伊朗核项目；而后，随着伊朗积极提升网络战能力，美国和以色列开始担心自己成为攻击目标，这标志着网络空间环境下的攻击与报复拉开了序幕。

2. 超级火焰病毒：再次席卷中东北非地区

2012 年 5 月，俄罗斯网络安全公司卡巴斯基实验室表示，一种名为“Flame”（超级火焰）的恶意间谍软件已在中东和北非部分地区大范围传播，并造成了巨大的危害，未来可能继续影响网络安全。据卡巴斯基公司分析，Flame 实际上是一个间谍工具包，与曾经攻击伊朗核项目计算机系统的“震网”病毒相比，Flame 病毒更为智能，攻击机制更为复杂，它可以跟踪被感染的计算机用户的活动，还可以盗取用户信息，其中包括文档、谈话录音和用户敲击计算机键盘情况等信息。此外，该病毒还会在被感染机器上开启后门，以方便攻击者对已安装到被感染机器当中的工具包加以修订，同时为该工具包增加新功能。

据分析，超级火焰病毒的攻击目标具有特定地域的地点，且其攻击目标和代码组成也有较大的区别。这表明，Flame 病毒的使用者可能有政府背景。据媒体报道，在这次事件中，被病毒感染的国家包括伊朗、黎巴嫩、叙利亚、苏丹及其他中东和北非国家的相应目标计算机系统。卡巴斯基认为，Flame 是迄今为止所发现的攻击机制最为复杂、威胁程度最高的计算机病毒之一。《华盛顿时报》报道认为，超级火焰病毒和“震网”病毒一样，是同一批黑客的作品，主要攻击目标就是伊朗。虽然此后未发现该恶意软件再次进行网络攻击，但它仍被认为是当今世界范围内网络间谍活动的重点防范对象。

四、2013 年

斯诺登事件："棱镜计划"与监听风云

斯诺登生于 1983 年，是美国前中央情报局（CIA）职员，同时也是美国国家安全局（NSA）外包技术人员。其于 2013 年 6 月赴中国香港，在香港的一家酒店里，将 NSA 的一项名为"棱镜计划"的网络监听项目的秘密文档披露给了英国媒体《卫报》和美国媒体《华盛顿邮报》。"棱镜计划"是一项由 NSAGF 从 2007 年就开始实施的绝密级网络监控和监听计划，正式名称为"US-984XN"。泄露文件将棱镜计划描述为能够对即时通信和存储资料进行深度监听的项目，监听对象和范围包括任何在美国以外地区使用参与计划公司服务的客户，或是任何与国外人士通信的美国公民。参与该项目的公司有微软（2007 年）、雅虎（2008 年）、Google（2009 年）、Facebook（2009 年）、PalTalk（2009 年）、YouTube（2010 年）、Skype（2011 年）、美国在线（2011 年）、苹果公司（2012 年）等多家网络科技公司巨头。NSA 在"棱镜计划"中可以获得上述公司用户的数据包括电子邮件、语音、视频、照片、VoIP 交谈内容、文件传输、登录通知等，并通过各种联网设备，如智能手机、电子式手表等对特定目标进行攻击。

"棱镜计划"的曝光在全球引起了广泛关注。时任美国总统奥巴马为此辩护，称"有关监视互联网和电子邮件的计划并不适用于美国公民，也不适用于生活在美国境内的人"，并表示"不仅国会完全了解该计划，且外国情报监视法法庭也做出了授权"。与此同时，斯诺登在曝光该计划后，持续遭到美国和英国的通缉。2013 年 6 月 23 日，斯诺登离开中国香港前往莫斯科寻求政治庇护，直至 2020 年 10 月，俄罗斯给予了斯诺登永久居留权。

斯诺登泄密事件是 2013 年网络空间环境领域最重要的事件，它暴露了美国及其盟国特别是“五眼联盟”国家在全球建立的网络监视体系，同时也刺激了与美对立的俄罗斯、伊朗等国纷纷成立自己的网络监视部门，强化针对对方的情报收集工作，客观上致使网络空间内的信息安全对立日益尖锐、网络间谍活动不断增加。同时，斯诺登泄密事件也引发了全球网络大国对“互联网主权”的探索与争议，各国在网络空间环境治理与管控方面的竞争也日益尖锐。

五、2014 年

1. 好莱坞名人“艳照门”：网络钓鱼

2014 年，26 岁的美国黑客 George Garofano 用钓鱼网站向好莱坞名人发送了虚假的密码重置电子邮件，诱骗他们在钓鱼网站上输入 Gmail 或 iCloud 密码，在获取密码后，黑客使用这些凭据访问账户，查找色情或裸露的图片和视频，并在 4chan 论坛和 Reddit 论坛等知名网站上疯狂传播。据称，该黑客至少盗取了 250 人的账号，造成了较为严重的不良影响。

此次事件带给人们的教训非常深刻，让人们意识到保护个人隐私的重要性。甚至到今天，网络安全公司仍以此次事件为教程，对员工进行网络安全培训，特别是关于鱼叉式网络钓鱼的课程训练。这次事件生动地说明了如果不注意甄别那些建议用户重置密码的电子邮件的真伪，可能会产生严重的后果。

2. Carbanak 组织入侵银行：首次直接从银行盗取资金

长期以来，网络安全专家认为，黑客盗取资金通常会盯着消费者、商店零售商或公司，但 Carbanak 直接从银行盗取资金，而不是假装客户从企业或个人的账户中取钱。2014 年，俄罗斯网络安全公司卡巴斯基关注到 Carbanak 组织，其精心设计邮件，引诱提前选择好的金融机构雇员打开含有恶意软件的文件，随后其顺利进入金融机构的内部网络，控制内网管理员的主机，从而获取视频监控。卡巴斯基称，犯罪人员通过这样的方式了解银行职员如何工作，并在转账时可能模仿他们的行为。有些情况下，Carbanak 在进行虚假转账前会先虚增转出账户内的余额，然后将增加部分转出。因为实际金额仍在，账户持有人不会生疑。此外，卡巴斯基还称，Carbanak 还遥控 ATM 机，让它们在提前设定的时间吐出现钞，而其团伙成员则会预先蹲守收钱。

据卡巴斯基分析，Carbanak 组织黑客技术非常先进，可以渗透银行的内部网络，隐藏数周或数月，然后通过 SWIFT 银行交易或协调的 ATM 机提款。据统计，该组织总共从被黑的银行中窃取超过 10 亿美元，是迄今为止窃取金额数量最高的黑客组织。

六、2015 年

1. 乌克兰电网被黑：利用网络成功操控电网

2015 年 12 月 23 日，黑客对乌克兰电网的网络攻击造成了乌克兰首都基辅部分地区和乌克兰西部的 140 万名居民居住地遭遇了一次长达数小时的大规模停电，其中至少 3 个电力区域被攻击，占据乌克兰一半地区。在此次攻击中，黑客使用了一种名为 Black Energy 的恶意软件，采用鱼叉式钓鱼邮件手段，首先向“跳板机”（如电力公司员工的办公系统）植入 Black Energy 病毒，以“跳板机”作为据点进行横向渗透，之后再攻陷监控和装置区的关键主机。与此同时，攻击者在获得了 SCADA（以计算机为基础的生产过程控制与调度自动化系统）的控制能力后，Black Energy 软件继续下载恶意组件（KillDisk），并下达断电指令导致断电。其后，采用覆盖 MBR 和部分扇区的方式，导致系统重启后不能自举；采用清除系统日志的方式提升事件后续分析难度；采用覆盖文档文件和其他重要格式文件的方式，导致实质性的数据损失。这一套组合措施不仅使受损的计算机系统难以恢复，而且在失去 SCADA 的上层故障回馈和显示能力后，电网工作人员被“致盲”，从而不能有效推动恢复工作。

乌克兰断电事件的政治背景，是克里米亚地区公投并加入俄罗斯联邦之后，乌克兰与俄罗斯矛盾加剧。在此次乌克兰电网攻击事件之前的一个月左右，乌克兰已经将克里米亚地区进行了断电。而此后的一个月，乌克兰的 Kyivoblenergo 电力公司表示他们公司遭到木马 Black Energy 的入侵，导致全国大范围电网出现故障，从而导致严重断电。乌克兰断电事件也是在网络空间环境下针对实体基础设施的攻击，虽然此前出现过类似的攻击，例如，“震网”病毒和 Shamoon 病毒都曾经攻击过大型工业目标，也就是核设施，但乌克兰断电事件与之不同，因为它影响的是普通大众的生活。这个案例首次让人们意识到，网络空间环境下的攻击，可能对一个涉及国计民生的关键基础设施造成巨大危险，除影响涉及国家层面的战略安全外，还会对普通民众的日常生活造成严重的负面影响和干扰。

2. DD4BC 黑客组织：用 DDoS 敲诈勒索比特币

DD4BC 黑客组织是一个以比特币为勒索目标的恶意组织。2015 年，其活跃度日益增加，通过社交媒体威胁目标受害者并对其发动攻击，以此增加 DDoS 攻击的破坏力度。该团伙的攻击方法一般包括使用多重向量的 DDoS 攻击、重新访问以往的受害者及在多重向量攻击中嵌入第 7 层 DDoS（Layer 7 DDoS），攻击尤其集中于 Word Press 的广播（ping back）漏洞。DD4BC 黑客组织利用该漏洞向目标受害者反复发送反射回来的 GET 请求，从而导致网站超载。

阿卡迈（Akamai）技术公司通过其旗下 Prolexic 安全工程与研究团队（PLX sert）公布了该组织的攻击情况，PLX sert 从 2014 年 9 月至 2015 年 8 月针对客户攻击流量的观察结果显示来自比特币敲诈团伙 DD4BC 的分布式拒绝服务（DDoS）攻击日渐增加，并发现该攻击方法被嵌入了 DDoS 引导程序组的框架之中。如果受害者拒绝支付赎金，该组织会在接下来的几天内发动 DDoS 攻击，并且攻击将一直持续下去，直到该组织黑客自行放弃敲诈或者受害者支付赎金为止。

七、2016 年

孟加拉中央银行被盗：史上最大网络盗窃案

孟加拉中央银行成立于 1971 年，总部位于孟加拉国的首都达卡。和大部分国家的中央银行一样，孟加拉银行作为中央银行，除储备外汇外，还有发行货币等职能。2016 年 2 月 4 日，银行人员盘点时发现 8100 万美元资金不翼而飞，因为涉及金额巨大，工作人员迅速报警。经过调查，发现这是一起蓄谋已久、有组织的黑客行为。

黑客将一款名为“dridex”的木马程序伪装成一个文档，通过邮件发送到孟加拉银行一个工作人员的邮箱。该工作人员收到电子邮件并打开后，木马程序就成功植入了他的计算机中。由于木马程序潜伏能力很强，因此，并未引起工作人员的警觉。但黑客的目标并不仅是控制该工作人员的计算机，而是试图通过植入的木马程序来入侵孟加拉银行的 SWIFT 系统。SWIFT 是“环球银行金融电信协会”的英文缩写，是一个非营利组织，主要是为各国银行之间转账支付提供便利。孟加拉国与他国之间进行的军购等大额度的资金往来活动必须通过孟加拉银行进行转账支付，因此也安装了 SWIFT 系统，这就给了黑客可乘之机。在成功植入木马程序后，黑客开始通过该木马程序对这台计算机实施远程监控，并且很快通过这台计算机窃取了孟加拉中央银行 SWIFT 系统的账号和密码及登录凭证。此后，黑客并没有急于动手，而是精心选取了孟加拉银行、美联储银行及菲律宾银行的休息日作为作案时机，打了一个时间差，最终于 2016 年 2 月 4 日开始行动，首先利用已获取的孟加拉银行的 SWIFT 系统的账号和密码及登录凭证登入了该系统，随即用这个账号向美联储银行发出了共计 35 条转账申请，转账金额高达 9.51 亿美元。但由于这 35 个转账请求中有 30 个被美联储银行的系统自动拒绝，因此，黑客只转走了 1.01 亿美元，而后又因黑客的一个拼写错误被拒绝一笔转账，最终黑客转走 8000 万美元，成为历史上最大规模的银行盗窃案。最终经过调查发现，这笔资金被分别转入了菲律宾 RCBC 银行的 4 个新开账户，而后又统一转入了另一个账户，又被兑换成菲律宾比索，最终全部流入了马尼拉的几家赌场，不知所终。

八、2017 年

提及 2017 年的勒索软件爆发事件，其中的 3 起十分具有代表性，不得不提，分别是 5 月中旬爆发的 Wanna Cry、6 月下旬爆发的 NotPetya 和 10 月下旬爆发的 Bad Rabbit。这 3 种勒索软件的共同点是有政府背景，而目标却又各自不同。

1．Wanna Cry

Wanna Cry 又称 Wanna Decryptor，是一种“蠕虫式”的勒索病毒软件，大小只有 3.3MB，由黑客分子利用 NSA 泄露的危险漏洞 Eternal Blue（永恒之蓝）进行传播。Wanna Cry 利用漏洞获得自动传播能力，能够在数小时内感染一个系统内的全部计算机。被感染的计算机会被植入勒索程序，导致计算机中的大量文件被加密，而后病毒会提示只有支付价值相当于 300 美元的比特币才可解锁。2017 年 5 月 13 日晚间，由一名英国研究员于无意间发现了 Wanna Cry 隐藏开关（Kill Switch）域名，意外遏制了病毒的进一步大规模扩散。

Wanna Cry 勒索病毒全球大爆发，至少 150 个国家和地区、30 万名用户被黑，造成的损失达 80 亿美元，影响了金融、能源、医疗等众多行业，造成了严重的社会影响和危机管理问题。我国部分 Windows 操作系统用户遭受感染，校园网用户首当其冲，受害严重，大量实验室数据和毕业设计被锁定加密。部分大型企业的应用系统和数据库文件被加密后，无法正常工作，影响巨大。

2. NotPetya

NotPetya 勒索软件是 Petya 的升级版，它利用了一个能够远程控制其他系统的工具 PsExec。NotPetya 可以在其他计算机上远程执行恶意代码进行感染，假如受感染的计算机恰好拥有网络管理员权限，那么这个网络中的所有计算机都会被感染。这种感染方式帮助 NotPetya 实现了短期爆发与快速传播，即使不少用户在此前不久针对 Wanna Cry 已经专门升级了补丁，仍无法阻止其传播。由于大范围的传播，在 2017 年 6 月，俄罗斯最大石油企业 Rosneft 等超过 80 家俄罗斯和乌克兰公司遭到网络袭击，黑客向能源和交通公司、银行业和国家机构等植入病毒并封锁计算机，相关用户被要求支付 300 美元的加密式数字货币以解锁计算机。在大量受害用户中，乌克兰受到的攻击最为严重，乌克兰政府官员报告称，乌克兰电网、银行和政府部门的网络系统遭到严重入侵。乌克兰副总理 Pavlo Rozenko 在其推特上发布了一张黑暗的计算机屏幕的照片，并称政府总部的计算机系统因受到攻击已经关闭。此外，病毒攻击已经波及英国、俄罗斯等欧洲多国的机场、银行和大型企业的网络系统。法国建筑巨头圣戈班、俄罗斯石油公司 Rosneft、丹麦货运公司马士基（Maersk）、西班牙食品巨头 Mondelez 随后相继自曝受网络袭击。此外，挪威国家安全机构、西班牙的企业也都惨遭攻击。

针对这次大范围的黑客事件，美国白宫发言人称：该网络病毒是历史上最具破坏性、造成损失最高的计算机病毒；它造成了严重的国际性后果，而俄罗斯政府则应为此负责。

3．Bad Rabbit

Bad Rabbit 是在 2017 年出现的第三款引人注意的恶意软件，其从 10 月开始在欧洲蔓延，最先出现在俄罗斯和乌克兰，随后影响了土耳其和德国等多个国家。Bad Rabbit 勒索软件的目标包括乌克兰基础设施部门和基辅的公共交通系统、俄罗斯新闻社 Interfax 等。安全厂商卡巴斯基等表示，此次勒索病毒与 NotPetya 或 ExPetr 恶意软件有关，与其他通过被动方式传播的恶意软件不同的是，Bad Rabbit 需要一个潜在的受害者下载并执行虚假的 Adobe Flash 安装程序文件才能植入用户的计算机中，一旦安装成功，感染恶意软件的计算机会将系统中的重要文件进行加密，并篡改 MBR，用户需要支付 0.05 比特币（约 276 美元）来换取自己的数据。与此前的两款勒索软件 Wanna Cry 和 NotPetya 不同，Bad Rabbit 并未使用永恒之蓝的漏洞进行传播，相对来说传播范围比较有限。据有关媒体研究推测，Bad Rabbit 是由有俄罗斯背景的黑客组织开发的，给俄罗斯企业造成了巨大的损失。

九、2018 年

1．万豪国际集团数据泄露：数据隐私日益成为攻击重灾区

万豪国际集团是世界著名的酒店管理公司和入选财富全球 500 强名录的企业，创建于 1927 年，总部位于美国华盛顿。2018 年 11 月 19 日，万豪国

际集团调查发现，9 月 10 日及之前喜达屋（Star wood）旗下酒店预订数据库中宾客信息曾在未经授权的情况下被访问。据集团内部的调查发现，自 2014 年以来，攻击者一直都能够访问该集团喜达屋旗下酒店的客户预订数据库。2018 年 11 月 30 日，万豪国际集团官方微博发布声明称，喜达屋旗下酒店的客房预订数据库被黑客入侵，在 2018 年 9 月 10 日或之前曾在该酒店预订的最多约 5 亿名客人的信息或被泄露。这 5 亿人中，有大约 3.27 亿人的姓名、邮寄地址、电话号码、电子邮件地址、护照号码、账户信息、出生日期、性别、到达和离开酒店的信息被泄露。万豪国际集团方面还补充，泄露的信息中可能还包括加密的信用卡信息，且不能排除加密密匙同时被盗的可能性。2018 年 11 月 30 日，消息公布后，万豪国际集团美股盘前跌逾 5%。英国当局随后也对万豪国际集团处以 1.23 亿美元的罚款。

据调查发现，相较于其他行业，酒店后台系统往往存在诸多安全隐患，黑客往往可轻松获取到千万级的酒店顾客的订单信息，包括顾客姓名、身份证号、手机号、房间号、房型、退房时间、家庭住址、信用卡后 4 位、信用卡截止日期、邮件等大量敏感信息。与此同时，大多数酒店的信息系统维护采用第三方外包模式，酒店自有的技术力量薄弱，无法对第三方 IT 服务商进行有效的管控，造成数据管理全面失控，IT 技术人员操作失误、故意窃取、倒卖数据等成为“酒店泄密门”的元凶。

2．韩国平昌冬奥会被黑：重要时间节点成为黑客攻击的新选择

2018 年韩国平昌冬奥会期间，冬奥会网络服务器遭到黑客攻击，导致开幕式当天网络中断，直播系统瘫痪，观众不能正常观看直播，奥运会官网也

无法正常打开和运作，许多观众无法打印开幕式门票，最终未能正常入场。针对此次黑客攻击事件，美国情报机构分析认为，俄罗斯军方情报部门的特工早在 2018 年 1 月就成功入侵了韩国的路由器，并选在冬奥开幕会当天释放出恶意软件。麦克菲公司的安全研究人员报告称，黑客针对平昌冬奥会实施鱼叉式钓鱼攻击，旨在窃取敏感信息或财务数据；韩国多家与此次赛事相关的机构都陆续遭到鱼叉式钓鱼攻击，包括提供基础设施服务及发挥其他辅助性职能的相关方。攻击者还能够在受害者的设备上执行命令并安装其他恶意软件，主要瞄准密码内容与财务信息。

在此次黑客攻击过程中，攻击者使用的恶意程序被称为 Olympic Destroyer，该恶意程序中所使用的多种技术与朝鲜、俄罗斯有关，其中包含俄罗斯黑客组织所使用的部分代码。鉴于此，美国相关机构认为，此次针对平昌冬奥会开幕式上的黑客攻击是违反兴奋剂规则被禁赛后俄罗斯的报复行为。

十、2019 年

1. 委内瑞拉两次大规模停电：网络空间环境下的电力战

2019 年 3 月 7 日晚，委内瑞拉首都加拉加斯等数个城市灯火骤熄，陷入一片漆黑，停电事件波及全国 23 个州中的 21 州，影响人群接近 3000 万人，多个地区供水和通信网络中断。委内瑞拉媒体报道称，停电的直接原因是该国最大的水电站古里水电站遭到蓄意破坏，这座水电站供应委内瑞拉 80%的电力。委内瑞拉总统马杜罗指责美国对委内瑞拉发动“电力战”，并在 3 月

12 日表示，拟向联合国、俄罗斯、中国寻求支持，对委内瑞拉电力系统遭到的网络攻击进行调查。经过漫长的抢修，委内瑞拉于 3 月 13 日基本恢复供水、供电，国家秩序基本恢复正常。

2019 年 3 月 18 日，委内瑞拉首都加拉加斯联邦区有多个变电器发生爆炸，导致委内瑞拉首都联邦区再次停电。3 月 27 日晚，委内瑞拉总统马杜罗宣布，已恢复全国 80%地区的电力供应。

此次委内瑞拉大面积停电持续时间之长、影响范围之大，十分罕见。委内瑞拉全国大部分地区一度陷入黑暗，地铁、机场、医院、通信、互联网、银行等重要机构、设施一度停运。

2. Capital One 数据泄露：银行业始终是黑客的攻击目标

Capital One（美国第一资本投资国际集团，简称第一资本）是美国第三大信用卡发行商，具有银行业“黑马”之称。2019 年 7 月 29 日，第一资本公开表示，其在 10 天前发现自身网络系统遭到人为攻击，虽然银行及时将情况反映给执法部门并寻求帮助，但还是有超过 1 亿人的客户信息资料被黑客盗取。这次数据泄露事件，嫌疑人是“内鬼”，一名 33 岁的女工程师 Paige Thompson（佩吉 • 汤普森），曾供职于亚马逊（AWS）网络服务部，而 AWS 曾托管 Capital One 客户信息数据库。Capital One 和美国司法部称，汤普森被指控攻破一个第一资本的服务器，并盗取了 14 万个社会安全号码、100 万个加拿大社会保障号码、8 万个银行账户号码和未公布的人名、住址、信用分数、信用限制、余额及其他信息。

此次事件给 Capital One 造成 1.5 亿美元的损失，将用于为受影响客户支付信贷监控费用、科技修复、法律维护等工作。Capital One 发布声明表示，此次事件没有信用卡账号或登录凭据被泄露，超过 99%的社会保障号未受损。同时银行已在第一时间修复了漏洞，并承诺将为受影响的每个人提供免费的信用监控和身份保护。

十一、2020 年

1. Solar Winds 供应链攻击：过去十年最重大的网络安全事件

2020 年，网络管理软件供应商 Solar Winds 软件更新包被黑客植入后门，该软件的客户主要分布在美国本土，其中不乏美国政府部门、世界 500 强企业和科技能源巨头。2020 年 12 月，美国关键基础设施遭遇严重的网络威胁，通过 Solar Winds 的供应链攻击，黑客渗透了包括五角大楼、美国财政部、白宫、国家核安全局在内的几乎所有关键部门，包括电力、石油、制造业等多个关键基础设施中招，思科、微软、英特尔、VMware、英伟达等科技巨头，以及超过 9 成的财富 500 强企业被波及“躺枪”，造成数据泄露，被网络安全和基础设施局定义为“美国关键基础设施迄今面临的最严峻的网络安全危机”。从目前公开的部分调查结果来看，Solar Winds 供应链攻击对全球各国关键基础设施安全防御体系来说都是一个极富冲击性的事件——大量传统网络安全工具、措施和策略失效，奥巴马政府执政以来美国秉持的“重攻轻守，以攻代守”的国家网络空间安全战略遭受严重打击。Solar Winds 作为一家垂直领域的领导型科技企业，糟糕的网络安全意识和实践也在此次事件中被曝光。

Solar Winds 事件表明远程监控和管理（RMM）工具更频繁地被攻击者用作攻击媒介。RMM 工具可安装在客户端服务器、虚拟机管理程序、工作站、网络设备、计算机和其他移动终结点上，让攻击者能够深入潜伏于企业网络中。RMM 工具通常具有操作系统级别的访问权限，能够监视修补程序、版本级别及硬件性能问题（包括 CPU、内存等）。这些远程工具的安全并没有受到企业重视并得到有效的防护。盘点 2020 年网络安全事件，Solar Winds 供应链攻击无论从规模、影响力还是潜在威胁性来看，都堪称过去十年最重大的网络安全事件。

2. 欧洲能源巨头 EDP 遭勒索：用 990 万欧元换 10TB 数据

葡萄牙跨国能源公司 EDP（Energias de Portugal）是欧洲能源行业（天然气和电力）最大的运营商之一，也是世界第四大风能生产商。该公司在全球 4 个大洲的 19 个国家/地区拥有业务，拥有超过 11500 名员工，并为超过 1100 万个客户提供能源。2020 年 4 月，黑客利用 Ragnar Locker 勒索软件袭击了 EDP，声称已经获取了公司 10TB 的敏感数据文件，并且索要 1580 比特币赎金（折合约 1090 万美元/990 万欧元），如果 EDP 不支付赎金，将在网络上公开这些数据。

据网络安全公司分析，Ragnar Locker 勒索软件在 2019 年年底首次出现，是一种新的勒索软件，将恶意软件部署为虚拟机（VM），以逃避传统防御。勒索软件的代码较小，在删除其自定义加壳程序后仅有 48KB，并且使用高级编程语言（C/C++）进行编码。Ragnar Locker 的勒索目标往往是公司，而不是个人用户，目标是对可以加密的所有文件进行加密，并进行勒索，要求用户支付赎金以进行解密。

附录 B

国际网络空间环境安全治理规则与框架

一、北约

1.《塔林手册》

2007 年，北约成员国爱沙尼亚共和国受到了大规模网络攻击，政府、议会、银行等关键部门网络瘫痪，时间长达数周，对社会稳定造成了严重影响。事件引发了北约内部关于在法律上定性网络攻击并做出反制的思考。2009 年，CCDCOE（Cooperative Cyber Defence Centre of Excellence，协作网络空间防御卓越中心）成立由 20 名来自西方国家的专家组成的国际专家小组，在爱沙尼亚共和国首都塔林完成了《塔林网络战国际法手册》(以下简称《塔林手册》)。**《塔林手册》包含 95 条规则，其内容强调，由国家发起的网络攻击行为必须避免敏感的民用目标，如医院、水库、堤坝和核电站等目标，规则允许通过常规打击来反击造成人员死亡和重大财产损失的网络攻击行为。**

《塔林手册》是国际组织首次尝试打造一种适用于网络攻击的国际法典，它虽然并非官方文件或政策，只是一个建议性指南，但是在目前网络战日益成为战争新形式的背景下，仍是具有重要意义的探索，它深入分析了战争时期网络空间适用的国际法规则，在国际上受到广泛关注。与此同时，因为《塔林手册》渲染甚至在一定程度上默许了使用军事手段和自卫权来应对网络威胁，为现实世界的和平稳定埋下隐患，同时制定《塔林手册》的专家组成员全部来自西方国家，因此《塔林手册》的中立性仍存在重大争议。

2.《塔林手册 2.0》

为进一步扩大《塔林手册》的影响，同时也改进一些突出问题，CCDCOE 邀请包括来自中国、白俄罗斯和泰国的 3 名非西方成员加入专家组，发起编纂《塔林手册 2.0》。2017 年 2 月，《塔林手册 2.0》编纂完成，由剑桥大学出版社出版发行，**内容包括一般国际法与网络空间、国际法与网络空间的特别制度、国际和平与安全与网络活动、网络武装冲突法四部分，共 932 页，20 章，含 154 条规则及评注。总体上看，2.0 版本涵盖了 1.0 版本，并在 1.0 版本基础上新增了和平时期一整套的网络空间国际规则，实现了战争时期和和平时期网络空间国际规则的全覆盖**。值得注意的是，《塔林手册 2.0》第一章就分析了主权问题，说明网络空间主权问题已经成为各方公认的问题点，且这一概念已经被国际社会普遍接受并基本达成共识。同时，《塔林手册 2.0》仍是一个非官方的、国际专家组成员集体工作的成果，对国家并没有法律的约束力。由于美国及其北约盟友的高度参与，两版《塔林手册》都反映了以美国为主的西方国家抢占网络空间环境下国家间对抗规则制定权的意图。但不能否认其进步意义，因为在网络空间立法仍处于起步阶段的今天，《塔林手册》仍具备唯一性和相对权威性，并且能在一定程度上起到指引作用。

二、欧盟

1.《网络与信息系统安全指令》

2016 年 7 月，欧盟通过立法机构正式通过欧盟首部网络安全法《网络与信息系统安全指令》，这是欧盟公布的第一部关于网络空间安全的法律文件，它要求欧盟成员国制定网络安全国家战略，加强基础服务运营者、数字服务提供者的网络与信息系统安全，履行网络风险管理、网络安全事故应对与通知等义务，从而避免、防止网络遭受非法攻击、破坏、入侵等，以便维护、确保网络安全并促进互联网经济的繁荣。同时，《网络与信息系统安全指令》还加强了网络安全领域的执法合作与国际合作，并加大网络安全技术研发上的资金投入与支持力度。此外，《网络与信息系统安全指令》不涉及个人信息保护、非法网络内容管控等内容层面的规定，并豁免小微企业相关义务，在保护并提高网络安全的同时，避免给互联网产业发展带来过分负担。

2.《一般数据保护条例》

2016 年 4 月，欧盟立法机构投票通过《一般数据保护条例》，经过两年的观察期之后，于 2018 年 5 月正式生效运行，这是欧盟在规范数据主体信息和大数据监管领域“史上最严”的法律，为应对新型社会危机如个人信息泄露等情况下的公共利益保障，对社会权利主体自主性空间进行权威性安排的法规限制。《一般数据保护条例》主要是对数据尤其是个人数据的保护进行规定，其保护范围之广、监管措施之严、惩罚力度之高均创下历史纪录。《一般数据保护条例》认为个人数据保护至少涉及 3 个直接主体，即控制者、数据主体、监管机构，但最关键的环节是约束数据控制者，约束数据控制者履行数据收集、处理、使用、删除等义务。《一般数据保护条例》提出，欧盟各成员国应当设置一个或多个公共机关来监督条例各项内容的适用，对于违规的机构和企业，最高处罚可达公司全球年收入的 4%（或 2000 万欧元，以较高者为准），这不仅适用于数据控制方，还适用于数据处理方。

3.《网络安全法案》

2019 年 6 月，欧盟 2019 年版《网络安全法案》正式施行，成为当前欧盟网络安全治理的框架性法案。《网络安全法案》出台的初衷，是考虑到电子通信网络和服务在经济增长中日趋重要的地位，为有效应对各类网络安全风险，防范其对计算机系统、通信网络、数字产品、服务和设备，以及公民、组织和企业带来的潜在威胁，提升欧盟整体的网络安全防护水平。《网络安全法案》针对对象主要包括欧盟官方办事机构，规制内容主要为上述欧盟机构在处理个人用户、组织和企业网络安全问题的过程中加强网络安全结构、增强对数字技术的掌控、确保网络安全应当遵守的法律规制，旨在促进卫生、能源、金融和运输等关键部门的经济增长，特别是促进内部市场的运作。

三、美国

1.《保卫美国的计算机空间——保护信息系统的国家计划》

2000 年 1 月，美国发布了《保卫美国的计算机空间——保护信息系统的国家计划》（*Defending America's Cyberspace—National Plan for Information Systems Protection*）。**这是美国进入 21 世纪以来，在信息安全领域的首个战略性指导方针，也是美国维护网络空间安全的重要纲领性文件**。随着网络空间环境安全压力日益增加，美国政府试图通过制定新的规则条文，确保美国在网络空间安全自由的情况下，建立所谓强大的、不断增长的网络力量。这在美国政府同年发布的《国家安全报告》中可见一斑。2000 年版本的《国家安全报告》首次把保卫能源、银行与财政、电信、交通、供水系统等重要的信息基础设施的安全，列为国家利益之首的关键利益，而《保卫美国的计算机空间——保护信息系统的国家计划》则是在这一指导下，融合了美国内各界力量，涉及了信息安全各项内容，几乎涵盖国家和社会生活所有层面。

2.《网络空间安全国家战略》

2003 年 2 月，**美国小布什政府正式通过了《网络空间安全国家战略》，将网络空间的发展战略从“发展优先”调整为“安全优先”**，这是经过“9·11”恐怖袭击之后，美国对于保护国家安全做出的整体战略调整。《网络空间安全国家战略》是保护美国国家安全的一部分，也是《国土安全战略》的实施战略之一。该战略明确了网络空间安全的战略地位，将网络空间定义为“确保国家关键基础设施正常运转的‘神经系统’和国家控制系统”，对网络空间安全形势做出了新的判断，认为新形势下恐怖敌对势力与信息技术的结合对美国国家安全构成严峻威胁。

《网络空间安全国家战略》提出了 3 大战略目标：防止美国关键基础设施遭受网络攻击；减少美国的网络攻击所针对的漏洞；确实遭受网络攻击时，将损害及恢复时间降至最低。其中，“关键基础设施”是指“对于美国来说至关重要的、物理的或虚拟的系统和资产，一旦其能力丧失或遭到破坏，就会削弱国家安全、国家经济安全或者国家公众健康与安全”。

3.《网络空间国际战略》

2011 年 5 月，美国白宫、国务院、国防部、国土安全部、司法部、商务部联合发布了《网络空间国际战略》，宣称要建立一个“开放、互通、安全和可靠”的网络空间，并为实现这一构想勾勒出了政策路线图。该战略阐述了美国“在日益以网络相连的世界如何建立繁荣、增进安全和保护开放”，其内容涵盖经济、国防、执法和外交等多个领域，“基本概括了美国所追求的目标”。该战略文件称，为了打造一个“可共同使用、安全、可信赖”的国际网络空间，美国将综合利用外交、防务和发展等多种手段，维护国际网络空间的安全。不难看出，《网络空间国际战略》成为美国处理网络空间环境下各种国内国际问题的“指南针”和“路线图”，是此前美国林林总总的涉网络空间法律法规的集大成者，也是**第一份明确表达主权国家在国际网络空间环境中的行动准则的战略文件**。

4.《网络空间行动战略》

2011 年 7 月，美国国防部发布首份《网络空间行动战略》，以加强美军及重要网络基础设施的网络安全保护。该战略将网络空间定义为与陆、海、空、天并列的第五大“行动领域”，将网络攻击视同“战争行为”，提出“当发现美国境外的计算机内存储有可能危害美国的代码时”，可以主动采取包括物理毁伤在内的手段越境攻击，以确保美国在网络空间的利益。

《网络空间行动战略》包括五大支柱：第一，将网络空间列为与陆、海、空、天并列的“行动领域”；第二，变被动防御为主动防御，从而更加有效地阻止、击败针对美军网络系统的入侵和其他敌对行为；第三，加强国防部与国土安全部等其他政府部门及私人部门的合作；第四，加强与美国的盟友及伙伴在网络空间领域的国际合作；第五，重视高科技人才队伍建设并提升技术创新能力。尽管美国一再强调该战略重在防御，但从其内容和意图来看，美军已经将网络空间的威慑和攻击能力提升到更加重要的位置。

5.《网络空间战略》

2015 年 4 月，美国国防部发布新版《网络空间战略》，**首次公开表示将网络空间行动作为今后应对军事冲突的选项之一，明确提出要提高网络空间的威慑和进攻能力，提出“必要时可以实施网络攻击”的原则，摆出积极防御和主动威慑的姿态**。美国国防部认为，网络战从时间上看涵盖战时和平时，从范围上看涵盖军用网络和民用网络，随着网络空间日益“军事化”，网络空间领域的军事竞争日益激烈，美国国防部加快在网络空间领域的规则制定步伐。2015 年版的《网络空间战略》是美国国防部推出的第二份涉网络空间战略，其体现了更明显的主动性和进攻性。例如，战略提出美国国防部将“保卫美国国土与美国国家利益免于遭受具有严重后果的网络空间攻击”作为职责使命和战略目标，并提出“以创新的方式保卫美国关键基础设施”，它大幅拓展了美国军队的职能任务，表明美国已经完成了网络空间作战的编制体制、武器装备、融入联合等一系列前期准备工作，形成了网络攻防的有效模式，甚至已经具备了发动网络战争的全部能力。

6.《国家网络战略》

2018 年 9 月，美国白宫发布《国家网络战略》，阐述了特朗普政府在网络空间领域试图维持优势地位的政策构想。战略分为 4 个章节，重点从网络空间环境安全角度阐述了其国内外政策。其中，在国内战略方面，重点聚焦于联邦网络安全保障和发展数字网络经济，强调以内部稳定和内生动力保障美国领先地位；在国际战略方面，主要涉及强化美国在国际网络空间中的优势地位，推行美国意识形态，同时协助盟友进行网络空间能力建设等。2018 版《国家网络战略》意识形态对抗意味突出，看重价值观认同，号召盟国“选边站队”，对于“不类似”国家则饱含敌意。例如，《国家网络战略》专门提及俄罗斯、伊朗、朝鲜三国的网络活动，并将其定性为攻击性行为。

四、俄罗斯

1.《联邦信息安全学说》

2000年，随着网络信息技术快速发展，俄罗斯日益享受到网络红利的同时，国家的政治、经济、国防等各领域也面临着诸多突出的安全问题。2000年6月俄罗斯颁布了《俄罗斯联邦信息安全学说》，明确指出“国家安全主要取决于信息安全”，首次将信息安全提升至战略高度，并成为后续一系列涉及网络空间和信息领域法律法规的总体遵循，是俄罗斯制定国家信息安全政策及开展各项专项活动的基础性文件。该学说共分四章，明确阐述了俄罗斯信息安全的目的、任务、原则和主要内容，并指出目前俄罗斯在信息安全领域面临的任务。其中，根据其危害的对象不同，俄罗斯将信息安全分为四类：第一类是对公民和个人信息权与自由，以及对个人、组织、社会及俄罗斯精神复兴构成的威胁。第二类是对俄罗斯联邦国家政策信息保证构成的威胁。第三类是对本国信息产业发展、保证国内市场对信息产品的需求和开拓国际市场，以及保证国内信息资源的收集、存储和有效利用构成的威胁。第四类是对俄境内已建立或将要建立的信息和通信系统及设备的安全构成的威胁。

2.《2020年前俄罗斯联邦国际信息安全领域国家政策框架》

2013年8月，俄罗斯联邦政府公布了《2020年前俄罗斯联邦国际信息安全领域国家政策框架》，该政策框架是对《2020 年前俄罗斯联邦国家安全战略》《俄罗斯联邦信息安全学说》《俄罗斯联邦外交政策构想》，以及俄罗斯联邦其他战略计划文件中的某些条款的细化措施，明确了国际信息安全领域所面临的主要威胁及俄罗斯联邦在国际信息安全领域国家政策的目标、任务、优先发展方向及其实现机制。

3. 新版《联邦信息安全学说（2016）》

2016 年，俄罗斯总统普京公布了新信息安全学说《俄罗斯联邦信息安全学说（2016）》，该学说是俄罗斯政府在信息安全领域的“战略性规划文件”，系统阐述了“在信息领域俄罗斯保障国家安全的官方观点”，从国家战略的优先方向出发，“确定了保障信息领域国家利益的基本方向”。其中，该学说在保障国家信息安全问题上，主要体现在国防、国家和社会安全、经济、科技和教育、国际战略 5 个方面：在国防领域，战略目标是避免个人、社会和国家的重大利益因使用信息技术而受到各种威胁；在国家和社会安全领域，战略目标是捍卫国家主权、保持政治和社会稳定、实现公民的基本权利和自由，保护俄关键信息基础设施；在经济领域，战略目标是将信息产业和电子工业发展不足对俄国家安全造成的影响降到最低；在科技和教育领域，战略目标是支持俄信息安全体系和信息产业的创新发展和加速发展；在国际战略领域，战略目标是在信息空间建立稳定的、非冲突的国家关系体系。

4.《俄罗斯联邦网络主权法》

2019 年 11 月，俄罗斯颁布《俄罗斯联邦网络主权法》，这是一部在国际网络空间内的主权法案。它从域名主权、定期演习、平台管控、自主断网和技术自主 5 个方面明确了俄罗斯对网络空间环境下主权问题的理解，可以说

“主动断网”是这部法律最大的特色。其中，域名主权规定了俄罗斯必须建立可接收域名信息的全国系统和自主地址解析系统，以在紧急时刻取代现有域名服务系统，与本国重大利益相关的网络全部应使用这一系统，相当于在一定程度上创建了本国自主互联网；规定了俄联邦电信、信息技术和大众传媒监督局将负责确定这一域名系统的设计要求、建设流程和使用规则，并定期实施演习；规范了互联网流量管理，要求互联网服务提供商有义务向监管部门展示，如何将网络数据流引导至受俄政府控制的路由节点，使国内网络数据传输不经过境外服务器，最大限度地减少俄罗斯用户数据向国外传输；规定俄联邦的电信、信息技术和大众传媒监管部门负责维持俄罗斯互联网的稳定性，一旦认定俄网受到威胁，监督局可主动切断与外部互联网连接；该法案还定义了路由选择的原则，提出了用之于追踪监控的方法，以确保俄罗斯互联网的安全。

五、日本

1.《网络安全战略》

2013 年 6 月，日本政府发布《网络安全战略》，目的是“塑造全球领先、高延展和有活力的网络空间”。《网络安全战略》认为网络空间在当前的社会环境中，“作为一个不可或缺的中枢系统，对国民生活和社会经济发展有着深远的影响”。《网络安全战略》认为，随着网络日益延伸至社会各个领域，日本面临的网络安全风险日益严重和广泛，出台该战略，旨在保护日本信息化社会正常运转，维护不可或缺的关键基础设施安全，并降低互联网使用风险。《网络安全战略》提出的基本原则包括以下 4 点：一是确保信息的自由流通，确保言论自由和隐私保护，享受网络空间环境下经济发展成果；二是针对不断变化的风险做出及时准确的响应；三是通过提升动态响应能力，增强基于风险特性的反应能力；四是网络空间环境的参与者应各司其职，通过合作与互助确保网络空间环境的安全稳定。

2.《网络安全基本法》

2014 年 11 月，日本国会众议院全体会议表决通过了《网络安全基本法》。日本媒体报道称，仅 2012 年就发生了约 108 万起针对日本政府机构的网络攻击。在网络空间安全环境日益恶劣的背景下，日本出台了《网络安全基本法》，规定日本政府将新设以内阁官房长官为首的“网络安全战略本部”，统一协调各部门的网络安全对策。“网络安全战略本部”还将与日本国家安全保障会议、IT 综合战略本部等其他相关机构加强合作。该法还规定电力、金融等重要社会基础设施运营商、网络相关企业、地方自治体等有义务配合网络安全相关举措或提供相关情报。此外，该法提出将协助中小企业制定网络安全措施。

3. 第二版《网络安全战略》

2015 年 9 月，日本政府发布第二版《网络安全战略》。与第一版相比，第二版明确了日本在网络空间领域的战略目标，即“建立自由、公平和安全的网络空间，以有利于增强社会经济活力和可持续发展，有利于建设人民安居乐业的社会，有利于维护国际社会和平稳定和国家安全”。为实现上述目标，第二版提出 3 种措施：一是主动分析应对未来的社会变化和潜在风险；二是提出支持个人建设网络空间，并努力维护网络空间的和平与稳定；三是认识到网络空间的物理属性，也就是说，认为网络空间是与现实社会密切相关的环境场景。同时，第二版强调创建一个安全的物联网产业和生态系统，改善供应链风险管理，支持日本企业的全球经营，从战略层面确认了网络空间安全对关键基础设施和社会运转的重要作用。

4. 第三版《网络安全战略》

2018 年 7 月，日本政府发布第三版《网络安全战略》。在物联网技术不断发展的背景下，网络攻击对稳定安全的日本国民生活造成威胁，甚至出现个别国家参与网络攻击的事例。鉴于此，日本政府将采用新的网络攻击评估和公布标准，把针对水电、机场等重要基础设施的网络攻击按照严重程度分成 0 到 4 共 5 个级别，以便各相关部门准确掌握事态的严重程度，妥善采取应对措施。在威胁环境方面，该战略特别强调了针对物联网设备、金融科技部门、关键基础设施和供应链的攻击；在新兴技术方面，该战略指出人工智能的发展，可以提高异常检测的精度，推动恶意软件检测自动化等自主系统的发展。在确保物联网设备安全的背景下，该战略还明确提出政府的意图是稳步改进必要的系统，以调查和识别存在缺陷的物联网设备，并通过电信运营商迅速通知用户。

六、英国

1.《英国网络安全战略：网络空间的安全、可靠性和可恢复性》

2009 年 6 月，英国政府发布《英国网络安全战略：网络空间的安全、可靠性和可恢复性》报告，体现了英国政府充分认识到维护网络安全对国家安全和利益的战略意义。该战略报告是英国历史上首个全面的网络安全国家战略文件，在该文件中，英国政府定义了网络空间的概念与内涵，阐述了国家实施网络安全战略的必要性和指导原则，分析了英国面临的网络安全威胁与挑战，描述了英国网络安全的愿景目标，并提出了实现愿景目标应当采取的行动方略和措施。值得注意的是，在该文件中，英国政府将 21 世纪确保网络空间环境安全与 19 世纪时确保海洋安全、20 世纪时确保空中安全的重要性相提并论，成为最早将网络安全提升至国家战略高度的大国之一。根据这一战略，英国政府成立了网络安全办公室和网络安全运行中心，旨在协调政府部门之间的关系，在网络安全工作中统一协作。

2.《英国 2016—2021 年国家网络安全战略》

2016 年 11 月，英国政府发布《英国 2016—2021 年国家网络安全战略》，战略指出，英国将在 2016—2021 年投资约 19 亿英镑（约合 23 亿美元）用于加强网络安全和相关能力。该文件认为，未来英国的安全和繁荣将建立在数字安全之上，为此，当前英国必须建立一个蓬勃发展的数字社会，保证其既具备网络弹性，又具备所需的知识和能力，以最大限度地把握机会和管控风险。为达到上述目标，战略提出，在网络空间防卫方面，能够保护英国免受不断变化的网络威胁，有效响应网络事件，确保英国网络、数据和系统得到保护和恢复；在网络空间威胁慑止方面，英国将努力做到能够侦测、理解、调查和中断敌方的网络攻击行动，并且追捕和起诉网络罪犯，避免被任何形式的攻击行为攻克；而在网络空间环境的发展问题上，战略目标是建立一个由世界领先且不断壮大的创新型网络安全行业，维持可持续性的人才发展渠道，提供相关技能以满足英国政府部门和私营部门的安全需求。

七、德国

1.《德国网络安全战略》

2011 年 2 月，德国政府授权内政部颁布了首份《德国网络安全战略》。在该战略中，德国政府评估了国家网络安全面临的主要威胁，阐述了国家网络安全战略的现实依据、框架条件、基本原则、战略目标与保障措施等，成为指导德国网络安全建设的纲领性文件。其中采取的措施重点针对保护关键基础设施、保护公众和中小企业 IT 系统、保护行政部门 IT 系统、建立国家网络防御中心、成立国家网络安全委员会、有效控制网络犯罪、开展有效协调行动确保欧洲和全球网络安全、采用可靠可信的信息技术、促进联邦政府人才发展、建立应对网络攻击的工具十大领域。德国的首份网络安全战略，从德国实际需求出发，注重网络安全顶层设计，强调国内资源整合与国际合作，并关注战略实施的可持续性，为德国“面向未来的网络安全政策”奠定了基础，保护网络安全和防御网络攻击成为德国的国家级任务。

2. 新版《德国网络安全战略》

2016 年 11 月，德国政府发布新版《德国网络安全战略》，以适应信息技术的快速发展和网络安全威胁的不断演变，针对日益增加的针对政府机构、关键基础设施、企业及公民的网络威胁活动做出应对。在总体目标方面，新版战略是首份网络安全战略的延续与继承，同时还对未来几年网络安全建设进行了细化部署，有效弥补了首份战略中保障措施不够细化的问题，成为德国政府在网络空间环境下维护各类安全的行动新指南。在新版战略中，德国政府重点评估和分析了网络威胁新的形势特点，并明确阐述了未来几年网络安全的四大行动方案及其具体措施。其中，行动方案包括数字化环境中的安全和自主行动、政府与企业的共同努力、高效可持续的国家网络安全体系，以及如何在欧洲及国际网络安全政策中发挥积极作用。

八、澳大利亚

1．首版《网络安全战略》

2009 年 11 月，澳大利亚政府出台了《网络安全战略》，这是澳大利亚第一部国家网络安全战略。战略明确了网络空间安全的基本原则和战略目标，并在政府内设置了负责网络空间安全与发展的两个新机构，即网络安全行动中心和澳大利亚国家计算机应急小组（CERT）。CERT 被设置在总检察署内，目标是将民用功能和经验融入政府设施的网络安全管理部门，提升政府应对网络空间安全的能力。同时，澳大利亚政府还设立了安全委员会，以此来加强网络空间安全政策与国家关键基础设施保护政策的融合。

2．2016 年版《网络安全战略：助推发展、创新与繁荣》

2016 年 4 月，澳大利亚政府发布新版《网络安全战略：助推发展、创新与繁荣》，该战略文件由澳大利亚、美国和英国的网络安全专家及商业团队共同担任咨询小组而规划设计，它代表澳大利亚的网络空间安全战略渐成体系，成为澳大利亚网络安全领域的纲领性文件，提供了较为清晰明确的网络安全治理模式。战略认为，强有力的网络安全是澳大利亚在世界经济中保持增长和繁荣的基础性因素，对国家安全也至关重要。政府将拨款约 2.32 亿澳元实施一系列措施，包括构建联合网络威胁监测中心，以便各机构能够快速共享重要网络威胁信息、澳大利亚网络安全中心打击网络犯罪和处理其他网络威胁的更多资源，并帮助企业评估和增强其网络安全抵抗力，以及发掘和培养未来网络安全技能人才。

3．2020年版《网络安全战略》

2020年8月，澳大利亚政府内政部发布了最新版《网络安全战略》。这版战略是在全球新冠肺炎疫情的背景下出台的。新冠肺炎疫情的暴发对澳大利亚网络安全造成巨大的压力和负面影响，一方面，网络犯罪活动增加；另一方面，远程办公的增加加大了网络运行的压力。在此背景下，2020年版《网络安全战略》注重解决企业及个人在网络空间环境下运用互联网的安全问题。根据该战略，澳政府将投资16.7亿美元建立新的网络安全和执法能力，协助行业加强自我保护，并提高社区对保护在线安全的认知。该战略包括价值13.5亿美元的网络增强态势感知和响应计划，并从政府、企业和社区3方面提出了愿景。其中，政府方面将通过保护关键基础设施、打击网络犯罪、保护政府数据和网络、共享危险信息、强化网络安全伙伴关系、支持企业满足网络安全标准和强化网络安全能力等加强对用户群体的保护；企业将采取相关措施保护其产品和服务的安全，并保护其客户免受已知网络漏洞的侵害；社区采取行动实践安全的在线行为并做出明智的购买决策。相比2016年《网络安全战略》，2020年版战略针对性强、结构清晰，同时也保持了一定的延续性和一致性。

（完）

反侵权盗版声明